AF366597

LE CERVEAU
INTIME

MARC JEANNEROD

LE CERVEAU INTIME

Introduction

MON CERVEAU ET MOI

Nous pensons nous connaître, nous croyons être des experts sur nous-mêmes. Mais ce savoir peut-il nous donner accès à notre moi véritable ? Peut-on vraiment se connaître soi-même ? Nos propres réactions nous étonnent parfois. Des forces agissent en nous, dont le contrôle semble nous échapper : nos émotions se déclenchent sans prévenir, nos rêves s'imposent à nous, parfois de façon brutale. Qui donc agit en nous ? Sommes-nous autre chose que nos cerveaux ? Existe-t-il une autre réalité derrière la réalité biologique ? Le chercheur, quant à lui, ne peut concevoir qu'une seule explication à la fois. Il pense qu'une réalité biologique, et donc déterminée par des lois de fonctionnement de la matière vivante, ne peut cohabiter avec une autre réalité qui ne suivrait pas les mêmes lois. Il faudrait imaginer que nous vivons dans deux mondes à la fois, chacun régi par des lois différentes, une sorte de grand écart physiquement impossible.

Nous verrons cependant au fil de ces pages que, même si l'on n'admet qu'une seule réalité, il existe de multiples possibilités d'échapper au dilemme du déterminisme. En cherchant à départager le rôle du génome, du corps, du cerveau, de l'histoire personnelle et collective dans notre fonctionnement mental et psychique, nous verrons se dessiner la part d'autonomie, de liberté, dont chacun de nous dispose pour affirmer son individualité.

Le moi

Le moi est cet ensemble qui résulte de la combinaison de facteurs biologiques et d'une histoire personnelle. Ma mémoire, mon affectivité, mes pensées, mes rapports avec les autres témoignent de cette double appartenance. C'est ce qui fait qu'en définitive je me reconnais comme moi-même et que les autres me reconnaissent comme une personne différente d'eux. Ce problème de l'*individuation* se pose à tous les niveaux, depuis l'expression de mon génome jusqu'à celle de mes facultés cognitives, au cours du développement de l'enfant comme chez l'adulte. Mon cerveau est un acteur de mon individuation, de mon moi intime. C'est à la fois la justification du titre donné à ce livre et des tentatives que nous ferons de pénétrer dans le monde secret de nos pensées et de nos sentiments.

Un génome

Commençons par le début. Comme tout être vivant, chaque être humain contient un génome, c'est-à-dire un ensemble de chromosomes sur lesquels sont fixés des gènes. Ce génome résulte de l'assemblage des deux génomes contenus dans les cellules sexuelles des géniteurs. Il s'exprime progressivement au cours de la vie embryonnaire pour contrôler la multiplication des cellules de l'organisme, pour définir la taille et la forme des organes et, pour ce qui est du cerveau, pour spécifier les connexions entre les diverses régions qui le composent. Ce programme, toutefois, ne se déroule pas aveuglément. L'expression d'un gène, dans sa chronologie comme dans son intensité, dépend de multiples interactions à l'intérieur même du génome, entre le génome et ses effets sur l'organisme et aussi entre l'organisme et le monde extérieur.

Un cerveau

Le cerveau est donc le résultat d'un plan génétique. Tous les cerveaux humains se ressemblent. Les connexions entre le cerveau et les organes des sens sont organisées selon une anatomie qui est la même pour tous. De même, les connexions d'une région à l'autre obéissent à des règles communes. Ces connexions s'établissent au cours de la vie embryonnaire et au cours de la petite enfance en suivant des trajets constants. Si les fibres suivent les mêmes trajets et parviennent au même but chez tous les individus, tous les cerveaux devraient être identiques. Or ce n'est pas le cas. D'abord, pour une raison de quantité : le nombre de cellules du cerveau et le nombre de connexions par neurone sont si élevés qu'il paraît impossible que le génome puisse coder avec précision toute cette organisation. Tout ne peut donc être programmé. Ensuite, pour une raison fonctionnelle : le cerveau ne se développe pas seul, il est tributaire de ce qui se passe dans le reste du corps et, après la naissance, dans le monde extérieur. Ces influences sont la source d'une adaptation permanente de l'organisation du cerveau : des neurones meurent, des fibres se déconnectent, des synapses se modifient. Ces changements, même s'ils sont encadrés par des programmes génétiques, sont nécessairement soumis à de nombreux facteurs, internes ou externes, qui varient d'un individu à l'autre. La vitesse de croissance des fibres est fonction des taux d'hormones de croissance et d'hormones sexuelles, qui dépendent de la maturation des glandes sécrétrices. L'efficacité des synapses varie en fonction du flux d'information qui les traverse : chacun de nous est soumis au cours de son enfance et tout au long de sa vie à une configuration unique d'influences du milieu extérieur qui retentit sur la forme et le fonctionnement de nos réseaux cérébraux.

Un corps

Toute explication du fonctionnement du cerveau doit donc tenir compte de l'existence des multiples relations qui l'unissent au reste du corps. Le corps, par les organes sensoriels disposés sur toute sa surface (dans la peau, la rétine, la cochlée, etc.) et par les signaux qui résultent de son propre fonctionnement, envoie au cerveau des informations sur l'état du monde extérieur et intérieur. En retour, le cerveau contrôle l'ensemble de l'organisme, non seulement par les fibres nerveuses qui le connectent aux muscles du squelette et des viscères, mais également par l'intermédiaire des signaux chimiques, comme les hormones, qu'il émet en direction des récepteurs placés dans les organes. C'est ainsi que des influences venues du reste du corps peuvent modifier l'état cérébral, ou que, à l'inverse, le cerveau contribue à modifier l'état du corps pour le préparer à l'effort ou pour l'adapter aux conditions de l'environnement. Le corps possède une mémoire : il est modelé par les conditions de vie, l'entraînement physique, l'alimentation, les maladies, autant de facteurs qui l'individualisent et le personnalisent au même titre que tous les éléments qui forment cette unité qu'est le moi.

Une histoire

Deux individus, quel que soit leur degré de proximité, ne peuvent avoir la même histoire, la même expérience, le même rapport au monde des choses ou des idées. La raison en est simple : ils n'occupent jamais en même temps la même position dans l'espace, et leurs points de vue sur les événements sont donc nécessairement différents. Deux jumeaux homozygotes, possédant en principe le même génome et dont les cerveaux se sont développés au même rythme (nous savons que ce n'est en fait pas le cas), qui seraient élevés dans la même famille et partageraient les mêmes événements, n'auraient pourtant pas la même expérience du monde. Le caractère individuel de la construction de notre cerveau et celui de la constitution de notre histoire suit le même décours, chacune étant la garante de l'autre.

Notre histoire commence en fait avant nous, puisqu'elle précède la constitution de notre génome. Les parents qui en sont le véhicule sont porteurs d'un projet qui fait de ce génome un ensemble intentionnel et non le fruit d'un pur hasard. Notre société a construit un cadre pour la reproduction, qui fait que le comportement reproductif dépend aussi de l'histoire, de l'expérience et des attentes des procréateurs, facteurs sur lesquels la biologie n'exerce que peu de contraintes.

Nos souvenirs, les traces laissées par les événements quotidiens, banaux ou exceptionnels, s'accumulent dans notre mémoire où ils se mélangent, se transforment. Ceux qui ont vécu les mêmes choses que nous, de nouveau, ne peuvent s'y reconnaître : mon cerveau transforme et modèle mes souvenirs, il est pétri de ces traces qu'il exploite de multiples façons et qu'éventuellement il oublie. Grâce à sa plasticité, il se construit en fonction de cet apport éducatif, parental, social qui fait mon individualité. Mon cerveau connaît mon corps, il a traversé avec lui les situations de la vie et a appris à réagir selon ses choix.

Chapitre premier

FABRIQUER UN CERVEAU

Au tout début de la vie embryonnaire, le cerveau n'a qu'une existence potentielle. Il est contenu en devenir dans les cellules qui constituent la crête neurale de l'embryon de quelques jours. Des gènes particuliers, les gènes architectes, présents dans le génome de chaque individu, vont jouer le rôle d'organisateurs du plan d'ensemble de l'organisme : ce sont eux qui déterminent la formation de l'axe de l'embryon, qui commandent l'emplacement des parties du corps les unes par rapport aux autres et des organes à l'intérieur du corps. Ils sont activés dans un certain ordre à différents stades du développement de l'embryon : par exemple, ceux qui codent la formation et l'emplacement de l'extrémité céphalique (la tête, la face, le cerveau) sont activés les premiers, puis ceux qui codent la formation du thorax et ainsi de suite. Ces gènes (appelés les gènes *Hox* chez l'être humain) ont d'abord été découverts en étudiant le développement embryonnaire d'une petite mouche, la drosophile. On peut ainsi créer des drosophiles transgéniques caractérisées par l'absence d'un de ces gènes, ou au contraire par la présence d'un gène surnuméraire : on peut ainsi fabriquer des mouches possédant deux thorax et deux paires d'ailes ! Au cours du développement de l'embryon humain, on observe parfois la défaillance d'un gène *Hox*, avec pour conséquences de très graves malformations congénitales, le plus souvent incompatibles avec la vie. Une partie de nos gènes nous sont donc communs avec la mouche : ils datent d'une époque reculée, antérieure dans l'histoire des espèces animales à la séparation entre les insectes et les vertébrés[1].

Les gènes de développement du cerveau

Le développement du cerveau lui-même est contrôlé par d'autres gènes, les gènes de développement. Pour ce qui est du cortex cérébral, les gènes de développement contrôlent le volume relatif de quatre régions que l'on retrouve chez toutes les espèces qui ont un cortex, mais en proportions variables. Les généticiens actuels expliquent ces variations d'une espèce à l'autre par la mise en œuvre d'un principe simple : le volume d'une région cérébrale donnée est fonction de la durée pendant laquelle le gène correspondant s'exprime. Plus le gène s'exprime longtemps, plus le nombre de divisions cellulaires augmente et

---

1. Nicole Le Douarin, *Des chimères, des clones et des gènes*, Paris, Odile Jacob, 2000.

plus le volume de la structure codée par ce gène augmente. Comme l'expression d'un gène et le développement de la région corticale correspondante se font au détriment d'autres régions, on peut expliquer les variations de l'anatomie du cerveau d'une espèce à l'autre. L'information que délivrent les gènes de développement du cortex cérébral est relativement globale : elle permet de déterminer le volume et la surface d'une région mais intervient très peu dans sa spécialisation. Ce qui détermine la spécialisation de chaque région du cortex (de chaque aire corticale), ce sont ses connexions avec les autres aires et avec d'autres parties du système nerveux et, au-delà, avec d'autres parties du corps (les organes des sens, les muscles, etc.)

Le premier phénomène aboutissant à la mise en place de chaque région du cortex est la migration cellulaire. Les cellules nerveuses se différencient à partir de cellules souches situées dans la région ventriculaire du cerveau. Une fois la prolifération terminée, les cellules migrent vers leur destination finale en suivant des travées radiaires formées par des cellules de la glie*[1]. Les cellules nerveuses guidées par ces travées s'arrêtent à leur destination finale, les premières ayant migré formant les couches les plus profondes du cortex. Les cellules destinées à migrer plus haut devront donc se faufiler à travers les cellules des couches profondes (Figure 1-1). Le signal d'arrêt qui détermine la position finale de la cellule est constitué par une molécule protéique, un mode de signalisation que nous retrouverons de nouveau dans l'établissement des connexions. Le phénomène de prolifération et de

---

1. Les mots suivis d'un astérisque sont développés en fin d'ouvrage (p. 209-215).

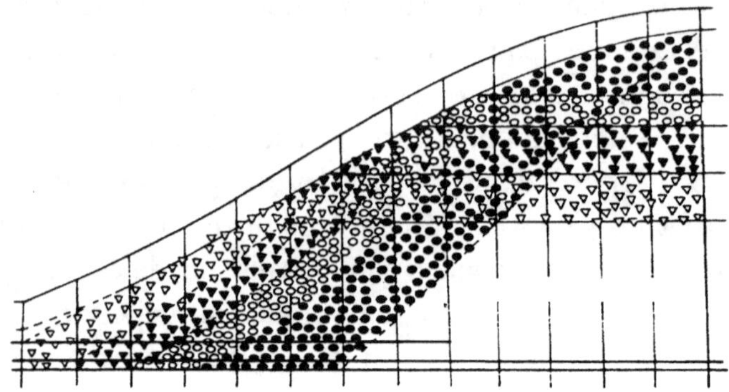

FIGURE 1.1

Représentation schématique du développement du cortex cérébral chez le rat. Les cellules souches sont produites dans une couche cellulaire dite épendymaire (qui entoure la cavité centrale qui deviendra les ventricules du futur cerveau). Après leur division, les cellules migrent vers la surface le long des travées formées par les cellules gliales. Elles se rangent selon des couches successives en fonction de leur âge, les plus jeunes venant occuper les couches les plus superficielles. En même temps qu'elles migrent vers leur position finale, les cellules se différencient pour constituer les divers types cellulaires du cortex. Ce processus, chez le rat, se produit entre le 16ᵉ et le 25ᵉ jour de la vie embryonnaire. D'après R. L. Sidman, cité in *X. Seron et M. Jeannerod,* Neuropsychologie humaine, *Liège, Mardaga, 1994.*

migration cellulaires est en principe limité à la période embryonnaire. Toutefois, on continue à observer l'existence de cellules souches, même dans le cerveau adulte, en particulier dans une région du cortex cérébral, l'hippocampe, dont nous reparlerons souvent par la suite.

La mise en place des connexions

Il nous faut maintenant comprendre comment les connexions se mettent en place et envisager les conséquences de ce phénomène pour le fonctionnement du cerveau. Les connexions qui constituent l'anatomie du cerveau achevé ne peuvent être le résultat d'un arrangement spontané ni l'effet du hasard. Tous les cerveaux humains se ressemblent : pour prendre un seul exemple, les fibres qui proviennent de la rétine et qui véhiculent l'information visuelle terminent leur course, chez tous les individus, dans la partie visuelle du cortex, c'est-à-dire dans le lobe occipital qui occupe la partie postérieure du cerveau ; chez tous les individus, les connexions de cette partie visuelle s'établissent avec d'autres régions situées dans le lobe pariétal et dans le lobe temporal, et ainsi de suite. Le cerveau de l'adulte reflète donc l'existence d'un plan préétabli qui fait que son anatomie est la même d'un individu à l'autre (à des variations près, comme nous le verrons). On s'est donc demandé comment sont assurés la croissance et le guidage de ces fibres, en un mot, comment elles finissent par trouver leurs cibles respectives. L'hypothèse qui prévaut est que l'extrémité de chaque fibre, son cône de croissance, est guidée vers son but grâce à un marquage chimique par des protéines (dont certaines ont reçu le nom évocateur de « sémaphorines ») présentes dans le milieu extra-cellulaire ou à la surface des cellules et donnant des indications sur la route à suivre. Chaque fibre serait ainsi attirée au bon endroit, comme par une sorte d'odeur qu'elle serait la seule à pouvoir reconnaître. En combinant une sensibilité à des protéines différentes et à des concentrations différentes, les cônes de croissance disposent d'informations de position suffisantes pour atteindre leur cible[1].

---

1. Alain Prochiantz, *Les Anatomies de la pensée. À quoi pensent les calamars ?*, Paris, Odile Jacob, 1997.

Pour mieux comprendre ce processus de mise en place des connexions, on l'a étudié chez des espèces présentant un stade de développement très incomplet à la naissance. C'est le cas du furet, un animal dont les petits naissent au bout de 40 jours de gestation dans un état très prématuré par rapport à d'autres espèces comme le singe, par exemple. Chez le furet, il existe à la naissance un excédent de connexions. On y repère même des connexions aberrantes, qu'on ne retrouve pas chez l'adulte : on trouve notamment une voie nerveuse qui relie les neurones du cortex visuel avec les motoneurones de la moelle épinière ! Chez l'adulte, la seule connexion qui relie le cortex cérébral aux motoneurones est celle qui provient du cortex moteur. Chez le chat et chez le singe, le même phénomène de connexions excédentaires a également été observé : les fibres qui unissent les deux hémisphères cérébraux par l'intermédiaire du corps calleux sont beaucoup plus nombreuses vers la fin de la gestation que chez l'animal adulte. Il se produit donc une rétraction des connexions en excédent. Une grande partie de cette rétraction est due en fait à la dégénérescence d'axones dont les neurones meurent. Ce phénomène de mort neuronale, dont nous reparlons plus loin, est un phénomène de grande ampleur qui culmine à la fin de la gestation.

Nous avons insisté jusque-là sur ce qui crée la similitude plutôt que la dissemblance entre les cerveaux : disons plutôt sur ce qui rend ces cerveaux invariants par rapport au modèle de l'espèce. Cette invariance a de profondes conséquences sur le fonctionnement de chacun de nous. Nous utilisons tous les mêmes mécanismes pour voir et entendre les signaux du monde extérieur, pour nous diriger dans l'espace et interagir avec les objets, pour parler et communiquer. Imaginons ce que serait la vie d'un groupe dont les individus posséderaient des cerveaux construits de manière différente. Il serait impossible à chacun de ses membres de prévoir et de comprendre les réactions des autres, et donc impossible de communiquer et d'échanger de l'information (ce problème sera traité au chapitre VII). L'invariance du cerveau humain, fondée sur une anatomie commune, est la condition de notre vie d'espèce.

Le modelage des connexions

Une fois mises en place les principales connexions entre régions cérébrales ainsi qu'entre ces régions et la périphérie, d'autres processus tout aussi importants vont intervenir. Le plus marquant de ces phénomènes est celui de la mort cellulaire. Notons d'abord qu'il s'agit d'un phénomène normal, atteignant tous les organes au cours de leur développement et donc pas seulement le cerveau. Cette mort neuronale (encore appelée « apoptose »), survenant au cours du développement du cerveau, est distincte de la mort cellulaire due à des lésions du système nerveux ou à d'autres phénomènes normaux comme le vieillissement. Dans le cas qui nous intéresse ici, l'apoptose correspond à l'exécution d'un programme génétique, lié à l'expression de plusieurs gènes, qui aboutit à sculpter la forme définitive du système, à ajuster le volume des connexions à la taille des cibles. Dans le cerveau humain, la mort neuronale commence à la fin de la gestation et se poursuit après la naissance, au moins pendant les six premiers mois de la vie.

À partir de ce stade de développement, le déterminisme génétique commence à se relâcher. Alors qu'il semblait total pour la mise en place de l'ébauche de cerveau et pour sa subdivision en régions, il devient en revanche moins autoritaire lorsqu'il s'agit de déterminer la spécialisation de chacune de ces régions. L'établissement des connexions entre les régions ne dépend plus des seules informations génétiques : si leur direction est bien sous la dépendance d'un programme préétabli, leur volume dans une direction donnée, leur degré de perméabilité, en un mot, leur importance fonctionnelle, sont largement influencés par l'usage qui en est fait, en particulier au début de la vie. Les facteurs qui aboutissent à l'invariance des connexions ne résument donc pas tout le développement du cerveau. L'ensemble de ces données nous laisse entrevoir une conception mixte du développement du cerveau et singulièrement du cortex cérébral. Dans le cadre du codage génétique, il existe un vaste espace indéterminé, réceptif aux influences multiples qui proviennent de l'extérieur au travers du fonctionnement de l'ensemble. Cet espace varie d'une espèce à l'autre. Les espèces se différencient en effet par le degré de maturation de leur système nerveux à la naissance. Chez le singe macaque, le poids du cerveau à la naissance atteint 75 % de son poids à l'âge adulte. Chez l'humain, en revanche, le poids du cerveau à la naissance ne représente que 30 % de son poids adulte. L'avantage de cette situation est que la poursuite du développement du cerveau humain se fait à l'air libre, au contact des stimulations du monde extérieur. Dès les premières semaines de la vie extra-utérine, les organes des sens (rétine, cochlée, etc.) deviennent fonctionnels et permettent à cette intense stimulation d'influencer le développement et le volume des connexions. D'autres espèces, dont les petits sont également très immatures à la naissance (les souriceaux, par exemple), ne bénéficient pas de cet avantage du fait du développement très lent de leurs organes des sens : chacun a remarqué que le souriceau n'ouvre pas les yeux avant le 8ᵉ jour postnatal, ce qui, dans la vie d'une souris, représente une durée importante. C'est ce choix évolutif (en fait imposé par le bassin des femmes qui limite la taille du crâne à la naissance) qui permet à l'espèce humaine de bénéficier, au cours de la première année, d'une immersion dans l'environnement alors que la maturation cérébrale se poursuit à un rythme accéléré : après la naissance, le cerveau humain continue en effet à croître au rythme de la croissance fœtale pour atteindre 60 % du poids adulte à la fin de la première année.

Après la naissance, le réseau topographique mis en place au cours de l'embryogenèse, stabilisé par la mort neuronale et l'élimination de connexions, commence à fonctionner sous l'influence de facteurs extérieurs. Ce fonctionnement entraîne une nouvelle phase de modelage des connexions. Prenons l'exemple du développement postnatal du système visuel. Les synapses qui connectent les fibres provenant de la rétine (par l'intermédiaire d'un relais dans le thalamus) avec les neurones du cortex visuel (Figure 1-2) ne sont pas encore entièrement fonctionnelles à la naissance. Dans le cortex visuel, de chaque côté, environ 50 % de ces fibres proviennent de l'œil du côté opposé et le reste provient de l'œil du même côté, si bien que chaque neurone de cette région du cortex se trouve connecté avec des fibres

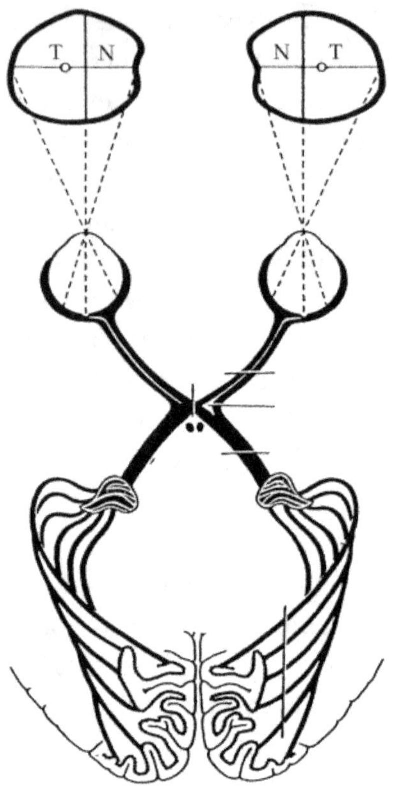

Figure 1-2
Représentation schématique des voies visuelles chez l'homme. En haut de la figure sont représentés les champs visuels de chaque œil, c'est-à-dire la projection dans l'espace de la rétine de chaque œil. Pour les besoins de l'illustration, les champs visuels de chaque œil sont représentés séparément alors que, dans les conditions normales, ils sont presque entièrement superposés. Chaque champ visuel est divisé en deux hémichamps (temporal et nasal), correspondant respectivement à la projection des deux moitiés de la rétine. Les fibres issues de chaque moitié se répartissent de façon différente dans le cerveau. Celles qui sont issues de la moitié nasale traversent le chiasma optique pour se rendre dans l'hémisphère cérébral opposé ; celles qui sont issues de la moitié temporale de la rétine ne croisent pas la ligne médiane et restent du même côté. Le premier relais (le corps géniculé latéral) situé sur le trajet de ces fibres est fait

provenant de chacun des deux yeux. Pour environ 25 % de ces neurones, le poids des connexions provenant de chaque œil est équivalent. Les autres sont plus ou moins dominées par l'un ou l'autre œil. Cet arrangement est la base d'une importante fonction du système visuel, la vision binoculaire, essentielle pour percevoir le relief, la distance, le mouvement des objets. La connexion binoculaire des neurones du cortex visuel est le résultat d'une compétition entre les fibres provenant de chaque œil au cours de la vie postnatale. À l'état normal, autant d'information provient au cortex par chacune des deux voies, et les fibres provenant de chaque œil ont autant de chances les unes que les autres d'établir des synapses efficaces sur les neurones du cortex. La situation est différente si, au cours du développement, l'un des deux yeux est affecté par une maladie qui réduit l'apport de lumière : les fibres qui proviennent de cet œil seront défavorisées par rapport à celles de l'autre œil et auront moins de chances de réaliser des synapses de bonne qualité. Cette situation a été reproduite chez de jeunes singes par l'occlusion transitoire d'un œil au cours des

---

de couches alternées constituées par des neurones ou et connectés à chaque œil. À une couche connectée à la rétine nasale d'un œil succède une couche connectée à la rétine temporale de l'autre œil. Ainsi, les deux moitiés homologues du champ visuel sont représentées du même côté du cerveau. Les neurones du corps géniculé latéral se projettent vers le cortex du lobe occipital, au niveau de la scissure calcarine (voir figure 3-2). Chaque neurone du cortex se trouve finalement connecté à des fibres provenant des deux yeux. La lésion qui affecte les voies visuelles dans un hémisphère au niveau du corps géniculé, des radiations optiques entre le corps géniculé et le cortex, ou au niveau du cortex lui-même, provoque une perte de la vision dans la moitié opposée du champ visuel des deux yeux (hémianopsie latérale homonyme).

premières semaines de la vie. Le résultat en est que seules les fibres provenant du bon œil se connectent aux neurones du cortex et finissent même par occuper tout l'espace synaptique. Les fibres provenant de l'œil occlus, moins vigoureuses, ne trouvant plus de place pour se connecter, vont rester à proximité de leur cible dans un état fonctionnel immature. Pendant les premières semaines du développement (une période de sensibilité qui dure jusqu'à la 9e semaine environ chez le singe), ce phénomène est réversible : la levée de l'occlusion rétablira la situation binoculaire normale. Passé ce délai, le phénomène tend à devenir irréversible. L'œil qui n'aura pu se connecter efficacement avec le cortex restera définitivement handicapé (amblyope). Chez l'adulte, l'occlusion d'un œil, même prolongée, ne produit aucun effet : les connexions sont stabilisées et conservent leur efficacité.

Ce phénomène de plasticité synaptique au cours du développement peut être observé directement en marquant les synapses du cortex visuel avec un acide aminé normalement utilisé par le métabolisme des neurones et rendu radioactif par l'adjonction de tritium. Injecté dans un œil, l'acide aminé migre le long des fibres du nerf optique, puis des fibres qui parviennent au cortex, jusque dans les synapses au contact des neurones du cortex. Grâce à la technique d'autoradiographie, on peut révéler sur une plaque photographique la radioactivité présente au niveau des terminaisons axonales qui forment ces synapses. Les synapses correspondant à l'œil injecté se groupent en *feuillets* contenant les neurones dominés par cet œil. Les feuillets adjacents contiennent les synapses et les neurones dominés par l'autre œil, si bien qu'à l'état normal le cortex présente une alternance de feuillets de dominance oculaire d'égale épaisseur correspondant respectivement à l'œil droit et à l'œil gauche. Chez l'animal qui a subi une privation précoce de vision par occlusion d'un œil, on constate par la même méthode que les feuillets correspondant aux neurones dominés par cet œil sont atrophiés ou même absents, remplacés au contraire par une croissance exagérée des feuillets correspondant au bon œil (Figure 1-3).

L'exemple du développement du cortex visuel illustre bien le mécanisme de plasticité synaptique dépendant de l'activité des neurones : l'établissement de synapses efficaces avec les neurones du cortex visuel dépend directement du taux d'information cheminant dans les fibres provenant de chaque œil. Ce processus d'expansion et de remodelage synaptique ne cesse pas avec la fin du développement : il va se poursuivre bien au-delà de la période de l'enfance pour s'étendre à toute la vie, même si c'est avec une intensité décroissante. Toutefois, cette synaptogenèse du cerveau adulte ne concerne pas les connexions qui se sont établies pendant le développement embryonnaire et au début de la vie extra-utérine. Il ne s'agit plus de fibres parcourant un long trajet pour venir à la rencontre de leur cible : il s'agit de connexions de voisinage qui restent labiles et qui peuvent se modifier en fonction des besoins, en fonction du trafic dans les voies nerveuses auxquelles appartiennent ces synapses, sans affecter la structure générale de l'ensemble. C'est de cette manière que notre cerveau, modelé par notre propre activité, par nos interactions avec le monde extérieur, par les influences que nous avons reçues au cours de notre éducation, connaît notre histoire et notre parcours. De cette intimité naît une identité profonde du fonctionne-

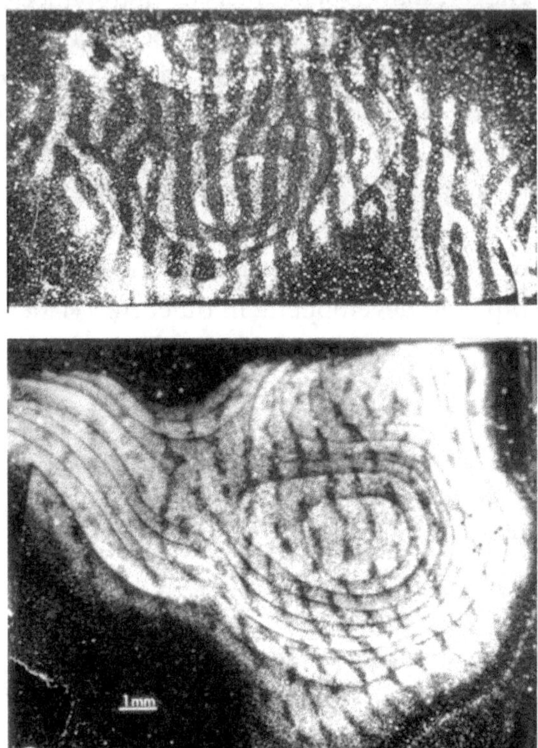

FIGURE 1-3
Feuillets de dominance oculaire dans le cortex occipital chez un singe normal (en haut) et chez un singe ayant subi une privation de la vision d'un œil au cours de son développement (en bas). Les raies claires correspondent au matériel radioactif injecté dans un œil et ayant migré le long des voies visuelles jusque dans les synapses au contact des neurones du cortex. Ces régions contiennent les neurones corticaux qui, bien qu'ils soient en majorité influencés par les deux yeux, sont dominés par un œil. Les raies plus sombres correspondent aux neurones dominés par l'autre œil. Chez l'animal privé de la vision d'un œil pendant la période critique de son développement, les raies claires et sombres sont d'inégale épaisseur. Celles qui correspondent au bon œil (celui où a été injectée la substance radioactive) ont envahi une large part du cortex, dont les neurones se trouvent en majorité dominés par cet œil. Peu d'espace synaptique est laissé pour les fibres provenant de l'œil occlus. Ces travaux sont dus aux neurophysiologistes américains David Hubel et Torsten Wiesel.

ment de notre cerveau et de notre conception du monde, une identité de vues, pourrait-on dire. Ce phénomène de la plasticité synaptique du cerveau adulte sera décrit au chapitre II.

La parcellisation du cortex cérébral et le modèle des localisations cérébrales

Quel peut être le rôle de la subdivision du cortex en aires distinctes les unes des autres ? On constate, lorsqu'on examine les cerveaux de différentes espèces, que le nombre d'aires spécialisées augmente au fur et à mesure que l'on gravit l'échelle phylogénétique. Plus l'espèce est évoluée, plus son cortex cérébral comporte un grand nombre d'aires spécialisées. Les nouvelles aires résultent d'une subdivision en aires de plus en plus petites. Dans la seule région du cortex spécialisée pour la vision, où une aire se définit par le fait qu'elle contient une représentation du champ visuel, on observe jusqu'à trente représentations du champ visuel. Chacune de ces représentations est spécialisée pour traiter un aspect particulier des informations présentes dans le champ visuel : la position d'un objet dans l'espace, l'orientation des contours qui déterminent sa forme, la couleur de cet objet, etc. D'une espèce à l'autre, on voit apparaître de nouvelles spécialisations par dédoublement d'une aire déjà spécialisée en plusieurs aires qui le sont encore plus. L'ensemble du système y gagne en précision et en puissance de traitement de l'information.

Le principe de parcellisation du cortex cérébral, établi depuis longtemps par les neurologues et les anatomistes, constitue la base d'un modèle d'organisation : le modèle des localisations cérébrales. Le cortex cérébral n'est pas une structure isotrope, c'est au contraire une structure hétérogène, présentant des discontinuités. Cette découverte novatrice qui date du milieu du XIXe siècle a profondément marqué notre conception du cerveau. Plusieurs arguments ont contribué au modèle des localisations cérébrales. Le plus ancien est celui que l'on peut tirer de l'observation de patients porteurs de lésions cérébrales : une lésion localisée du cortex produit un déficit spécifique, comme un trouble du langage, la paralysie d'un membre ou d'un côté du corps, la perte de la vision pour un côté de l'espace, un trouble de la mémoire. S'agit-il de la perte d'une fonction due à l'atteinte d'un « centre » spécialisé dans le langage, la motricité, la vision ? Ou s'agit-il de la destruction de connexions au sein d'un réseau plus complexe, lésion qui donne une illusion de localisation ? Même si on ne parle plus, aujourd'hui, de « centre », ce débat est toujours d'actualité. Le seul moyen de vérification de la localisation de la lésion, avant l'arrivée des méthodes modernes d'imagerie cérébrale (vers 1960), était l'autopsie systématique des patients qui décédaient. On pouvait alors confronter l'anatomie de la lésion révélée par l'analyse du cerveau et les signes cliniques.

D'autres arguments ont été apportés par la stimulation électrique du cerveau. Cette méthode, utilisée d'abord sur le cerveau d'un animal, a permis la découverte de la zone excitable du cortex cérébral, zone dont la stimulation provoque des mouvements de la moitié opposée du corps. On pouvait ainsi démontrer que la stimulation d'un point du cortex au travers d'une électrode provoquait un mouvement d'une patte, tandis qu'en stimulant un autre point distant de quelques millimètres on provoquait un mouvement de la tête. À la notion de zone spécialisée, qui découlait de l'observation de la lésion de cette zone, succédait celle d'une localisation point par point, où la fonction pouvait être décomposée de plus en plus finement.

Ces arguments sont toujours valables : le neurologue utilise quotidiennement la carte des localisations pour porter un diagnostic devant un malade devenu aphasique ou paralysé à la suite d'un accident vasculaire cérébral. La stimulation cérébrale, maintenant pratiquée chez l'humain, continue de fournir de nouveaux éléments pour comprendre le fonctionnement du cerveau.

Les populations de neurones et l'établissement des cartes du cerveau

Le modèle des localisations cérébrales, tel que nous venons de le décrire avec sa composante historique, fonctionne bien au niveau macroscopique, celui des aires corticales repérables par les méthodes des physiologistes et par les observations du neurologue. Il nous faut maintenant entrer plus profondément dans le détail de la structure du cerveau, vers le niveau microscopique. Les travaux des histologistes de la fin du XIXe siècle ont abouti à la description des principales connexions du cerveau grâce à un ensemble de techniques qui permettait de voir les neurones, leurs prolongements et même leurs synapses. De ces travaux ressortent un certain nombre de

principes qui semblent gouverner l'organisation cérébrale. Un de ces principes pourrait se définir par « qui se
ressemble s'assemble ». Les neurones qui reçoivent les
mêmes informations, qui sont connectés aux mêmes
cibles, et qui ont une activité fonctionnelle semblable (ce
qui définit ce qu'on appelle une « population » de neurones), se groupent les uns près des autres. Dans le cortex
cérébral, une des premières formes de groupement recon-
nues par les histologistes est la *couche* cellulaire. Chaque
couche corticale comporte des cellules en majorité du
même type et, on le sait maintenant, possédant des modalités de connexion communes. Les types cellulaires et
l'ordonnancement des couches sont communs à un grand
nombre d'espèces chez les mammifères (Figure 1-4).

L'organisation du cortex en couches (la lamination)
constitue une architecture complexe qui a servi de critère
pour délimiter des aires corticales, c'est-à-dire les zones

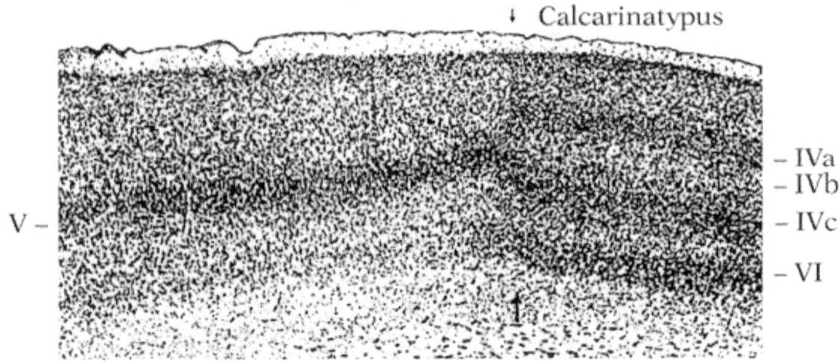

FIGURE 1-4
Transition entre deux aires corticales. La figure représente une coupe ver-
ticale à travers le cortex occipital. On voit nettement la transition entre
l'aire 17 (à droite) marquée par une couche IV très épaisse et l'aire 18 (à
gauche) à la lamination plus simple. C'est à partir de ce type de données
qu'ont été construites les premières cartes du cerveau (voir figure 1-5).

du cortex qui se distinguent les unes des autres par l'épaisseur relative de leurs couches cellulaires. Ces travaux sont à l'origine d'un résultat fondamental des neurosciences modernes, la réalisation d'une carte du cortex en fonction de la lamination. La carte sans doute la mieux connue (et la plus utilisée) est celle de Korbinian Brodman, dressée il y a exactement cent ans (Figure 1-5). Elle porte des numéros auxquels on se réfère toujours. Ces numéros ne sont pas placés au hasard : Brodman avait eu l'idée très originale d'organiser la numérotation à partir d'un repère anatomique pratiquement constant chez tous les mammifères, le sillon central. C'est ainsi que les petits numéros concernent les aires qui entourent le sillon central. On peut de la sorte comparer les cartes corticales chez différentes espèces animales, ce qui est fort utile si l'on pense qu'une grande partie de nos connaissances sur l'anatomie et le fonctionnement du cerveau ont été acquises chez l'animal.

L'établissement des premières cartes était donc fondé sur un critère principal, la forme des cellules et leur groupement en couches dans le cortex cérébral ou en noyaux dans les régions situées en dessous du cortex. Plus récemment, des méthodes fonctionnelles fondées sur le fonctionnement et non plus seulement sur la forme des cellules ont été utilisées pour délimiter les populations de neurones du cortex cérébral. Ces travaux nous révèlent d'autres aspects du groupement des neurones, selon leur métabolisme ou leurs connexions, par exemple. On décrit ainsi des populations qui se recoupent partiellement avec la classification précédente : à l'intérieur de la couche IV du cortex visuel (l'aire 17 de la carte de Brodman), par exemple, les neurones qui reçoivent la

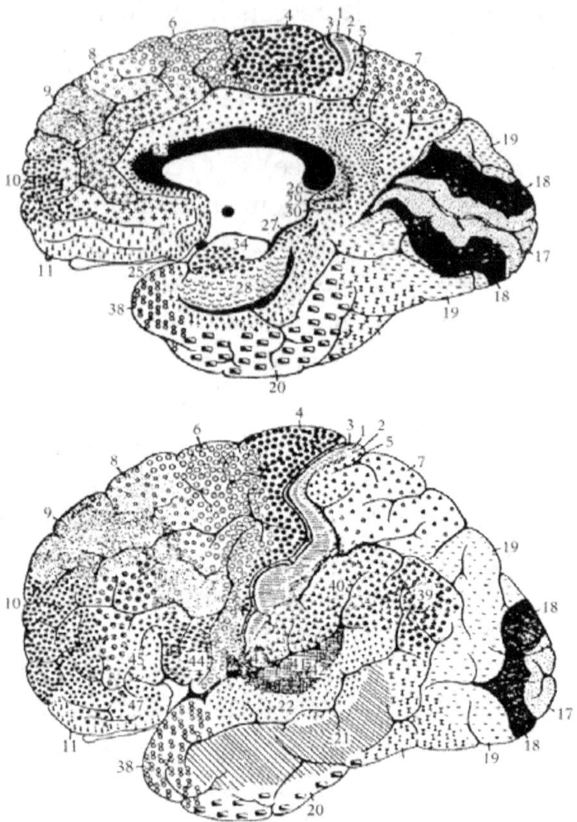

FIGURE 1-5

*Carte du cortex cérébral selon Korbinian Brodman (1901). Cette carte est
construite à partir des données de la structure cellulaire des couches du
cortex. La figure reproduit, en haut, la face interne de l'hémisphère droit et
en bas, la face externe de l'hémisphère gauche. Sur la face interne, on
remarque le cortex visuel primaire (aires 17 et 18) centré autour de la scissure calcarine. On remarque aussi le corps calleux (en noir) entouré des
circonvolutions du cortex limbique. Sur la face externe on remarque le
sillon central qui sépare le lobe frontal (à gauche) du lobe pariétal (à
droite). Noter le début de la numérotation à partir des aires entourant le
sillon central : cortex moteur (aires 4 et 6) dans le lobe frontal, cortex
sensitif (aires 1, 2, 3) dans le lobe pariétal.*

plus grande partie de leurs connexions de l'un des deux yeux se groupent, comme nous l'avons vu, en *feuillets* de dominance oculaire ; ces mêmes neurones se répartissent selon une autre organisation, visible à l'aide d'un marquage métabolique : ce sont les taches (*blobs*) où se regroupent les neurones sensibles à la couleur. Enfin, à l'intérieur de ces structures, on peut décrire des modules encore plus petits, les colonnes corticales, où les neurones s'assemblent selon le type de réponse qu'ils donnent à un stimulus présenté dans le champ visuel.

La notion de localisation et d'organisation cartographique du cerveau doit être modulée par l'existence d'abondantes connexions entre les aires cérébrales telles qu'elles ont été définies par l'histologie. L'existence des connexions entre aires corticales est connue depuis longtemps. Fibres d'association courtes d'une circonvolution à l'autre, faisceaux d'association d'un lobe à l'autre, commissures entre les hémisphères, on peut faire toute une description du cortex en termes d'association. On doit rapprocher ces travaux du contexte de la psychologie de la fin du XIXe siècle (l'associationnisme) où l'on cherchait à expliquer les fonctions complexes (les fonctions cognitives) par l'association de fonctions plus élémentaires[1].

Un des mérites de cette époque est d'avoir abouti à une classification des aires cérébrales sur la base de leurs connexions. On distingue en effet depuis cette date les aires primaires, celles qui sont connectées directement aux organes sensoriels ou moteurs, et les aires secondaires, ou associatives, dont les seules connexions proviennent

---

1. Marc Jeannerod, *De la physiologie mentale. Histoire des relations entre biologie et psychologie*, Paris, Odile Jacob, 1997.

d'autres aires cérébrales, qui reçoivent donc de l'information déjà traitée, au second degré en quelque sorte. Les aires corticales associatives, situées principalement dans le lobe frontal (les aires préfrontales) et dans le lobe pariétal, se distinguent nettement des aires primaires. Leur étendue est plus marquée chez l'homme que chez les autres animaux ; leur maturation est plus lente que celle des aires primaires ; enfin, leur lésion provoque des déficits d'ordre cognitif. Nous reviendrons longuement sur ce dernier point. On voit donc, avec les connexions entre zones cérébrales, se compléter le schéma fonctionnel de l'ensemble. Les localisations ne fonctionnent pas de façon isolée, elles font partie de réseaux où circule l'information. Ce point essentiel sera repris au chapitre II lors de l'examen du cerveau en fonctionnement.

La taille du cerveau et les problèmes de place

Le cerveau humain présente un certain nombre de caractéristiques remarquables par rapport à celles de cerveaux appartenant à des espèces plus anciennes. L'une d'elles est la taille qui excède, quelle que soit la façon dont on la mesure (poids du cerveau, capacité crânienne), la taille du cerveau d'un primate de poids corporel équivalent. Il est en effet logique de rapporter le poids du cerveau au poids du corps : plus la masse musculaire d'un animal est importante, plus les structures nerveuses destinées à contrôler la contraction de ces muscles doivent être développées. Le calcul de ce rapport entre le poids du cerveau et celui du corps, le quotient d'encéphalisation, QE, place l'être humain en rupture de continuité par rapport aux autres animaux. Cet accroissement rapide (surtout marqué au cours des 500 000 dernières années) a dû poser de nombreux problèmes biologiques. Si l'on pense que notre cerveau consomme 20 % du métabolisme total de notre organisme, son accroissement au cours des âges a dû nécessiter une modification de l'apport énergétique, et donc le passage d'une alimentation à base de végétaux à une alimentation plus riche en calories.

Une seconde caractéristique est que l'accroissement du volume cérébral est inégalement réparti entre les différentes régions du cerveau. Les régions dont le volume a augmenté le plus correspondent au cortex cérébral. Le cortex humain, dont seule une faible partie est visible à l'inspection extérieure, présente un plissement. Une partie importante est enfouie dans ces plis. L'avantage de ce plissement est qu'un accroissement de la surface du cortex peut se faire sans trop augmenter le volume. L'augmentation de la surface corticale est plus marquée dans certaines régions : c'est le cas du cortex frontal et du cortex pariétal, deux régions qui appartiennent au cortex cérébral associatif dont nous avons parlé plus haut, ainsi qu'une partie du lobe temporal.

Une troisième caractéristique, enfin, a été le passage d'un fonctionnement symétrique des hémisphères cérébraux à un fonctionnement asymétrique. La partie antérieure du cerveau, celle qui contient le cortex cérébral, est constituée, chez toutes les espèces de mammifères, de deux hémisphères distincts, reliés entre eux par d'abondantes connexions groupées en faisceaux de fibres. Le principal de ces faisceaux est le corps calleux. Ces connexions ont pour rôle de transférer l'information d'un hémisphère à l'autre, transfert rendu nécessaire par le fait que chaque hémisphère a une fonction qui lui est propre : chacun est en effet connecté, de manière quasi exclusive chez des espèces comme le lapin ou le rat, de manière partielle chez les primates et l'homme, à la moitié du corps du côté opposé. Un hémisphère tient donc sous son contrôle les mouvements des membres du côté opposé, il reçoit les sensations cutanées de la moitié opposée comme les informations de la moitié du champ visuel du côté opposé. Chez la plupart des espèces, à l'exception notable de l'être humain, cette spécialisation d'un hémisphère pour traiter l'information sur la moitié du corps et de l'espace est symétrique. Les vertébrés sont constitués, dès le stade embryonnaire comme nous l'avons vu, à partir d'un axe de symétrie qui divise le corps et l'espace attenant en deux moitiés équivalentes. L'analyse des signaux sensoriels provenant de chacune de ces moitiés et le contrôle des mouvements correspondants doivent donc logiquement être assurés par des ensembles nerveux identiques. Il ne peut exister, chez un animal dont la survie dépend d'une bonne maîtrise des signaux provenant du monde extérieur et d'une réponse adéquate donnée à ces signaux, d'avantage pour un côté : cet avantage deviendrait inévitablement un handicap.

Le cerveau humain conserve évidemment ce principe d'organisation. Toutefois, la spécialisation de chaque hémisphère dans une moitié du corps et de l'espace attenant y est moins marquée que chez les autres espèces : les voies nerveuses provenant de la rétine, de la cochlée, des récepteurs de la peau, ainsi que les voies qui se dirigent vers la moelle épinière et qui contrôlent la contraction des muscles, comportent une proportion plus importante de fibres qui ne sont pas croisées, c'est-à-dire qui gagnent (ou proviennent de) l'hémisphère du même côté du corps. Mais surtout, on observe que certains mécanismes nerveux sont latéralisés, c'est-à-dire représentés dans un hémisphère et pas dans l'autre. Ces mécanismes latéralisés correspondent, comme nous le verrons en détail par la suite (chapitre II), à des fonctions cognitives comme la compréhension et la production du langage, certains aspects de la mémoire, ou encore la représentation abstraite de l'espace. Ces fonctions sont relativement indépendantes des contraintes du monde environnant et ne requièrent donc pas une participation équivalente des deux hémisphères. Si l'on admet que, chez l'être humain, l'adaptation au milieu dépend plus que chez d'autres espèces de capacités cognitives que des capacités sensorielles ou motrices, on peut comprendre pourquoi le principe d'un fonctionnement hémisphérique rigoureusement symétrique a pu être abandonné sans trop de dommages. Le fonctionnement asymétrique des deux hémisphères, en revanche, prend à son tour une valeur adaptative évidente : le contenu, en termes de traitement de l'information, de deux hémisphères différents est plus grand que celui de deux hémisphères identiques. Du même coup, le cerveau peut augmenter sa capacité à traiter et à produire de l'information sans augmenter notablement son volume.

À vrai dire, la spécialisation hémisphérique, si elle n'a pas véritablement d'équivalent connu chez d'autres animaux, correspond à un principe d'organisation fort ancien, qui aurait pu apparaître il y a plus de 5 millions d'années. On retrouve en effet des traces d'asymétrie anatomique dans le cerveau des singes bonobos et du chimpanzé : une zone du cortex temporal (le plan temporal) est plus développée chez ces animaux dans l'hémisphère gauche que dans l'hémisphère droit. Dans le cerveau humain où cette asymétrie existe également, le plan temporal gauche correspond à une zone spécialisée pour la réception des sons de langage et leur compréhension. Faut-il voir là un signe avant-coureur de cette faculté plusieurs millions d'années avant son apparition chez *Homo sapiens* ?

Chapitre II

VOIR LE CERVEAU FONCTIONNER

L'ambition de tout chercheur qui veut comprendre le cerveau est de le voir fonctionner en temps réel. Au fur et à mesure que se développent de nouvelles technologies (génie électrique, électronique, informatique, microscopie, biologie moléculaire), les chercheurs dépensent des trésors d'imagination pour s'approcher le plus près possible de ce fonctionnement. Mais de quel cerveau parle-t-on ? On se trouve en effet d'abord confronté à un facteur d'échelle. Le cerveau peut être vu comme une espèce de poupée russe : chaque fois qu'on ouvre une poupée, on en trouve une plus petite à l'intérieur, et ainsi de suite. À l'inverse, on peut reconstituer la poupée russe en enfermant chaque poupée à l'intérieur d'une autre plus grosse. Dans le cerveau, la plus

petite poupée serait représentée par les unités fonctionnelles microscopiques que sont les canaux ioniques et
les récepteurs. À un niveau plus élevé se trouve la
synapse, ensemble anatomique et chimique situé à la
jonction entre deux neurones et dont le rôle est de
transmettre l'excitation nerveuse d'un neurone à
l'autre. Au-dessus du niveau de la synapse, la cellule
nerveuse elle-même, le neurone, intègre les informations qui lui sont transmises par les multiples synapses
qui tapissent sa membrane. La variation résultant de
son potentiel de membrane détermine en définitive la
transmission d'information aux neurones suivants. Au-
dessus du niveau du neurone se situe celui des petites
populations de neurones interconnectés entre eux et
qui sont connectés aux mêmes entrées et aux mêmes
sorties. Ces populations assurent des fonctions de
codage d'une information ou d'extraction de propriétés
d'un stimulus. Associées entre elles, ces populations
constituent des réseaux qui s'activent lors d'opérations
plus globales, faisant intervenir des informations provenant de l'extérieur aussi bien que des informations
mémorisées.

D'autres niveaux de complexité, recoupant les précédents, pourraient également être définis. C'est ainsi qu'il
existe des systèmes caractérisés par leur mode de fonctionnement biochimique. Les neurones qui les constituent sont capables de fabriquer un neuromédiateur
donné (comme la dopamine, par exemple) et de moduler
l'activité d'un grand nombre d'autres neurones situés à
distance. Nous en verrons plusieurs exemples.

On a pris l'habitude, depuis quelques années, de
segmenter l'ensemble des spécialités qui étudient le

fonctionnement du cerveau (les neurosciences) selon les niveaux d'organisation auxquels elles se consacrent : les neurosciences cellulaires et moléculaires se consacrent à l'étude des mécanismes des gènes, des canaux, des synapses et des neurones ; les neurosciences intégratives ou cognitives sont celles qui se consacrent à l'étude des niveaux d'organisation plus élevés, concernant surtout les réseaux. On imagine bien que ces différentes spécialités n'utilisent pas les mêmes techniques d'observation lorsqu'il s'agit de voir fonctionner une synapse ou une population de neurones ou encore de comprendre les mécanismes qui aboutissent à des fonctions cognitives comme le langage ou la perception. De plus, ces divisions possèdent chacune leur champ d'application : au niveau moléculaire et cellulaire s'élaborent les médicaments qui vont agir sur la cause intime des maladies, au niveau des réseaux d'aires corticales s'étudient les déficits des fonctions cognitives provoqués par les lésions du cerveau.

Les neurosciences cellulaires et moléculaires
et le niveau analytique de l'étude du cerveau

Ce niveau d'approche du cerveau s'exerce sur des préparations qui sont le plus souvent isolées de l'ensemble de l'organisme. Pour ce qui est de la biologie moléculaire, elle suppose le fractionnement du tissu nerveux en fonction du poids ou de la taille des éléments qui le constituent (au moyen de l'ultracentrifugation, par exemple). On peut alors identifier par les méthodes de la chimie la composition de ces éléments. Pour ce qui est de la biologie cellulaire, l'approche expérimentale se fait sur des neurones isolés puis maintenus en survie dans des milieux de culture. À l'aide d'un microscope, on peut guider une électrode vers une zone particulière de la membrane cellulaire. Enfin, le maintien en fonctionnement de fragments de tissu nerveux (des « tranches » de cerveau), possible techniquement depuis une vingtaine d'années, permet d'observer l'activité d'un canal ionique ou d'une synapse dans des conditions locales proches des conditions physiologiques.

Nous allons passer en revue les différents éléments qui constituent le tissu nerveux, et dont le fonctionnement permet de comprendre l'élaboration progressive du signal qui transite d'un neurone à l'autre.

Les canaux ioniques. La membrane du neurone est constituée de couches de molécules de corps gras (les lipides), des corps hydrophobes qui s'opposent au passage de l'eau. Cette membrane est traversée par de grosses molécules protéiques entourant des pores : ces protéines constituent les canaux ioniques. Le fait qu'elles sont en partie hydrophiles permet à l'eau de s'en approcher et de circuler à travers le pore. Les canaux font donc communiquer l'intérieur de la cellule avec le milieu extérieur. En modifiant légèrement leur forme, ces grosses molécules peuvent soit laisser libre le passage à travers le pore, soit l'obturer. Il existe plusieurs sortes de canaux selon le type d'ions qu'ils peuvent laisser passer. Nous parlerons surtout des canaux pour les ions sodium, potassium, calcium et chlore. L'ouverture ou la fermeture de ces canaux dépend du potentiel de membrane de la cellule. On peut artificiellement provoquer l'ouverture d'un canal en injectant un courant électrique dans la cellule au moyen d'une très fine électrode qui traverse la membrane. Ce phénomène se produit naturellement, comme nous le verrons, lorsque la cellule se dépolarise au moment de l'arrivée d'une excitation nerveuse. Le mauvais fonctionnement (d'origine génétique ou dû à une lésion pathologique) des canaux ioniques dans certaines régions du cerveau peut être à l'origine d'une dépolarisation anormale des neurones et la cause de crises d'épilepsie*.

Les récepteurs. Les récepteurs sont également des protéines enchâssées dans la membrane de la région synaptique du neurone. Ils sont situés aussi bien sur la membrane de la cellule émettrice ou « présynaptique » que sur la membrane de la cellule réceptrice ou « post-synaptique ». Leur configuration leur permet de se coupler avec les molécules du médiateur chimique (ou neuromédiateur) fabriqué puis excrété par la cellule présynaptique. Un premier type de récepteur est le récepteur ionotropique, associé à un canal ionique, et dont la fonction est de modifier l'état du canal lors du couplage avec le médiateur. Un second type est le récepteur métabotropique qui, lui, n'est pas associé à un canal ionique. Son activation déclenche une série de réactions à l'intérieur de la cellule : pour l'essentiel, il contribue à l'envoi d'une protéine messager qui va influencer l'activité du noyau de la cellule. Certains des récepteurs métabotropiques participent à la transmission synaptique en se couplant avec le médiateur chimique libéré par la cellule présynaptique. D'autres participent à des régulations non directement synaptiques, en se couplant à des protéines complexes (des peptides) qui circulent dans le milieu extracellulaire. C'est de cette manière que les hormones influencent le fonctionnement des neurones. C'est aussi de cette manière qu'agissent des médicaments conçus pour être reconnus par les récepteurs du système dont on veut modifier le fonctionnement. Enfin, c'est par cette voie qu'arrivent les corps toxiques qui viennent bloquer l'activité de certains récepteurs. Nous en verrons des exemples dans un chapitre ultérieur.

La synapse. La synapse représente un niveau plus intégré que les précédents. C'est une véritable unité fonctionnelle où se produit une série de phénomènes étroitement coordonnés entre eux. Ces phénomènes sont la synthèse et la libération du neuromédiateur, l'activation par le médiateur des différents récepteurs présents dans la membrane, la modification du potentiel de membrane du neurone postsynaptique, enfin l'inactivation du médiateur en excédent. Ces différentes étapes sont détaillées et illustrées sur la Figure 2-1. Le

FIGURE 2-1

Représentation des mécanismes synaptiques. En haut de la figure se trouve la terminaison d'un axone qui représente le côté présynaptique de la synapse ; en bas se trouve un dendrite qui représente le côté postsynaptique. L'arrivée d'une dépolarisation le long de l'axone (sous la forme d'un potentiel d'action (1) déclenche l'ouverture de canaux calcium (2). Le calcium intervient en favorisant la migration, la transformation et l'arrimage à la membrane des vésicules contenant le neuromédiateur (3, 4, 5). Les vésicules s'ouvrent (6) et libèrent le médiateur qui diffuse dans la fente synaptique (7). De nombreux processus interviennent (hydrolyse, recapture) destinés à limiter l'action du médiateur (8a, 8b, 8c). Le médiateur se fixe sur les récepteurs de la membrane postsynaptique, soit pour provoquer l'ouverture des canaux sodium (9a), soit pour influencer des processus intracellulaires (9b, 10b). Des chaînes métaboliques productrices d'énergie contribuent à l'ouverture d'autres canaux ioniques (11), ce qui renforce la modification du potentiel de membrane du neurone postsynaptique.

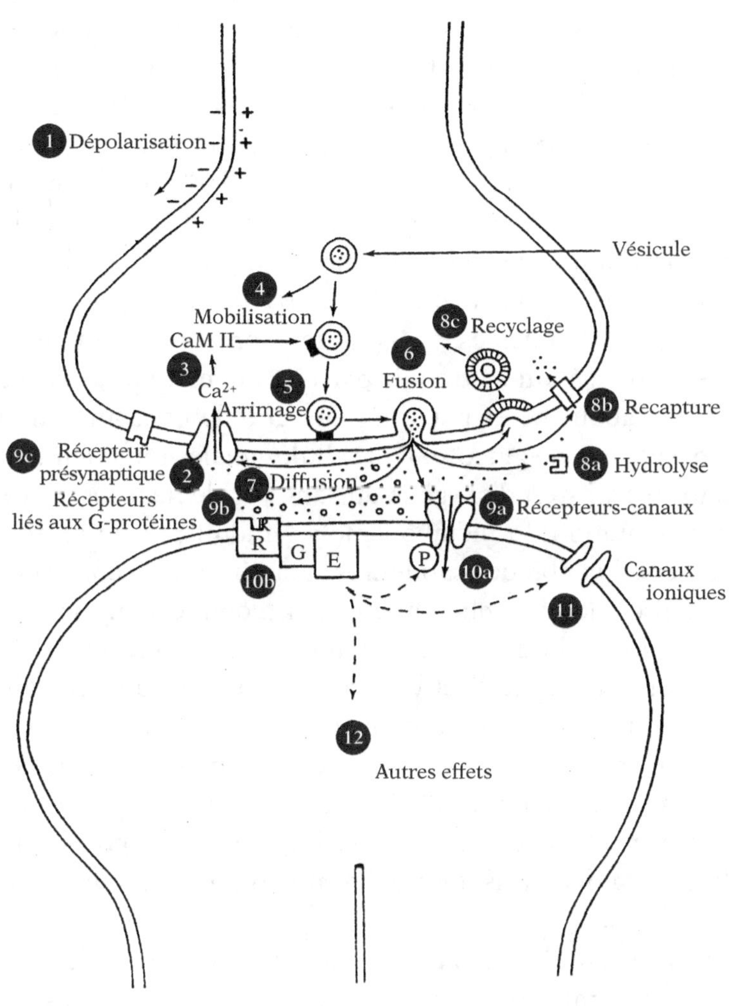

1 Dépolarisation
Vésicule
4 Mobilisation
CaM II
3
Ca2+
5 Arrimage
8c Recyclage
6 Fusion
8b Recapture
9c Récepteur présynaptique
Récepteurs liés aux G-protéines
2
7 Diffusion
8a Hydrolyse
9b
R
R
G
E
10b
9a Récepteurs-canaux
P
10a
11 Canaux ioniques
12
Autres effets

type de médiateur libéré et de récepteur postsynaptique détermine la nature d'une synapse (excitatrice ou inhibitrice) et son effet sur le neurone postsynaptique. Si l'action du transmetteur aboutit à l'ouverture des canaux sodium, on assiste à une dépolarisation de la cellule post-synaptique qui peut aboutir, si elle est suffisante, à l'apparition d'un potentiel d'action. Si au contraire l'action du transmetteur aboutit à renforcer la polarisation de la cellule postsynaptique, le seuil d'excitation aura moins de chances d'être franchi.

Ces mécanismes synaptiques sont consommateurs d'énergie, ce qui se traduit par une augmentation locale du métabolisme et par une plus grande consommation d'oxygène et de glucose. Des cellules gliales interviennent dans le transfert d'oxygène du sang vers le neurone. Cette augmentation du métabolisme se traduit par un renforcement du débit des capillaires sanguins au voisinage des synapses actives, phénomène qui, comme nous le verrons, est utilisé par les méthodes de neuro-imagerie comme indice de l'activation d'une région du cerveau. L'énergie nécessaire aux mécanismes synaptiques est fournie par la « combustion » de molécules comme l'adénosine triphosphate (ATP). L'énergie libérée par l'ATP sert avant tout au pompage des ions sodium et potassium lors de la dépolarisation de la membrane cellulaire (voir plus loin).

L'ensemble des phénomènes synaptiques se déroule sur un temps très court : il ne s'écoule pas plus de 1 milliseconde entre la dépolarisation de la terminaison présynaptique par l'arrivée de l'excitation nerveuse et la modification du potentiel de membrane du neurone postsynaptique. Notons que, bien que ce temps soit très court, si l'on pense à la multitude des événements qui s'enchaînent, il est incommensurablement plus long que le temps de franchissement d'un composant électronique.

Du fait des nombreux éléments (vésicules, récepteurs) présents dans la synapse, la membrane des deux cellules jointives présente à ce niveau un épaississement visible au microscope électronique. Entre les deux, il existe un espace de quelques fractions de micron, la fente synaptique. D'autres méthodes permettent également de voir les synapses, surtout celles qui sont situées sur les dendrites de certains neurones du cortex cérébral. Dans ce cas, chaque synapse constitue un petit manchon qui entoure une protubérance de la membrane post-synaptique. En colorant la cellule postsynaptique, on peut directement voir ces protubérances qui prennent la forme d'épines sur la tige d'un rosier (les « épines » dendritiques) qu'on peut alors mesurer et compter (voir la Figure 2-2).

Le neurone. Le neurone, unité élémentaire du tissu nerveux, est une cellule d'un genre particulier du point de vue morphologique et fonctionnel. Sa morphologie est marquée par l'existence de prolongements du protoplasme, les dendrites et l'axone. C'est par ces prolongements que s'établissent les connexions (synapses) entre neurones. Les dendrites, comme d'ailleurs le corps cellulaire proprement dit, constituent le côté postsynaptique du neurone : c'est là qu'arrivent les connexions venant des neurones amont (plusieurs milliers de synapses sur un seul neurone). L'axone en est le côté présynaptique : ses terminaisons vont contacter et influencer d'autres neurones en aval.

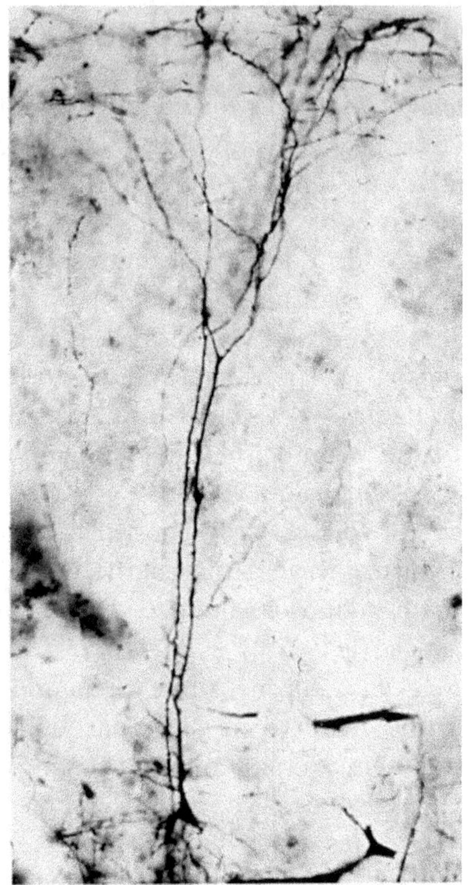

FIGURE 2-2
Préparation d'une coupe du cortex cérébral par le grand anatomiste du système nerveux, Santiago Ramon y Cajal. On voit sur cette coupe un neurone dont le corps cellulaire (de forme pyramidale, en bas de la figure) est situé dans la profondeur du cortex, et dont le dendrite remonte jusque dans les couches superficielles. Noter l'aspect verruqueux du dendrite, ce qui correspond à la présence d'épines dendritiques (synapses) sur toute sa longueur. Sur cette préparation, l'axone n'est pas visible.

Le fonctionnement du neurone est fondé sur le fait qu'il s'agit d'une cellule excitable. Comme toutes les cellules, il possède au repos un potentiel de membrane (l'intérieur de la cellule est plus polarisé que l'extérieur), mais il a la propriété unique de modifier brusquement ce potentiel de repos sous l'influence d'une excitation. Il se produit alors un potentiel d'action. Le potentiel d'action, qui se propage le long de l'axone jusqu'aux terminaisons synaptiques, constitue l'unité d'information nerveuse. C'est lui qui, parvenu près d'une synapse, déclenche, comme nous venons de le voir, l'ensemble des phénomènes de la transmission synaptique. Au repos, le potentiel de la membrane se maintient stable à une valeur de l'ordre de − 70 millivolts, du fait d'une faible diffusion des ions sodium vers l'intérieur de la cellule, compensée par une diffusion équivalente des ions potassium dans le sens inverse. La libération du neuromédiateur lors de la transmission synaptique aboutit à l'ouverture des canaux sodium et à l'entrée massive d'ions sodium dans la cellule. Ce phénomène est amplifié par un pompage actif qui propulse à l'intérieur de la cellule un excédent d'ions sodium. La dépolarisation brutale du potentiel de membrane qui résulte de cette entrée des ions sodium provoque, si elle franchit un certain seuil (le seuil de décharge), l'apparition d'un potentiel d'action. Par la suite, la sortie d'ions potassium permet le rétablissement progressif du potentiel négatif de repos. En général, le potentiel d'action résulte de l'addition des effets de plusieurs synapses distribuées sur la membrane du neurone : ce sont les potentiels excitateurs ou inhibiteurs postsynaptiques. Une synapse influence d'autant plus le potentiel de membrane du neurone qu'elle est placée près du corps cellulaire, par opposition aux synapses placées sur les dendrites. Le neurone se comporte ainsi comme un opérateur algébrique qui additionne des effets synaptiques excitateurs ou inhibiteurs d'inégale importance pour prendre la décision de décharger ou non.

Les petits réseaux. Les petits réseaux sont constitués de populations de neurones connectés entre eux. Leur étude a été révolutionnée par l'introduction de la technique des tranches de tissu nerveux maintenu en survie. Si le prélèvement a respecté l'anatomie de la région que l'on veut étudier, on peut, sur la même tranche, enregistrer l'activité de plusieurs neurones, caractériser leurs relations mutuelles, modifier leur fonctionnement par des micro-injections de substances bloquant leurs récepteurs, etc. Cette approche a permis de comprendre les mécanismes de la plasticité nerveuse dont il sera longuement question plus loin.

*Les neurosciences cognitives
et la neuro-imagerie fonctionnelle*

Les neurosciences cognitives ne cherchent pas à analyser le fonctionnement d'un élément isolé de l'ensemble. Elles cherchent au contraire à comprendre comment le fonctionnement ordonné du cerveau dans son ensemble contribue à notre pensée, notre langage, notre mémoire, en un mot à notre activité cognitive. L'activité cognitive et ses relations avec le fonctionnement du cerveau feront l'objet de plusieurs des chapitres de ce livre.

L'ambition des neurosciences cognitives est donc de voir fonctionner le cerveau au niveau le plus intégré possible, c'est-à-dire au niveau où tous les éléments que nous venons de décrire entrent en jeu de manière collective. C'est à ce niveau que l'observateur devrait s'approcher au plus près des mécanismes physiologiques responsables de comportements complexes comme les activités cognitives, mais aussi comme le sommeil*, les émotions ou certains aspects de la mémoire. Ces comportements ne font pas intervenir seulement le cerveau mais aussi l'ensemble du corps, ce qui, en principe, ne devrait pas permettre de les réduire à des mécanismes élémentaires. Toutefois, on n'hésite plus maintenant à étudier les mécanismes synaptiques du sommeil ou de la mémoire sur des préparations de plus en plus simplifiées, en utilisant par exemple des tranches de cerveau provenant de souches de souris génétiquement modifiées et devenues insomniaques ou amnésiques... L'étude d'activités cognitives comme le langage, la pensée, la conscience pourra-t-elle un jour se passer de l'observation du comportement d'un sujet parlant, pensant et conscient ? Ou, au contraire, les recherches qui visent à établir un lien entre le fonctionnement d'une région cérébrale et la cognition seraient-elles par définition résistantes à une approche réductionniste ? Nous retrouverons ces interrogations à plusieurs reprises tout au long de ce livre.

L'étude de l'activité cognitive s'est trouvée profondément renouvelée au cours des dernières décennies. Parmi les facteurs à l'origine de ce renouvellement, le moindre n'est pas l'emprunt massif que les chercheurs en neurosciences ont fait à la psychologie. Plutôt que de continuer à interpréter les fonctions cognitives à partir des effets de lésions pathologiques (voir plus loin), les neurosciences cognitives ont exploité, à partir des années 1970-1980, les concepts de la psychologie cognitive. Les fonctions étudiées par celle-ci sont définies à partir de la notion de résolution de problème : quels sont, par exemple, les éléments opérationnels nécessaires à la réalisation d'un plan d'action, à la formation d'une intention, à l'identification du sens d'un objet, à la reconnaissance d'un visage, etc. ? La décomposition de ces fonctions globales en « unités » cognitives a permis leur rapprochement du fonctionnement des réseaux d'aires cérébrales.

Un autre facteur décisif du renouvellement de l'approche de la cognition humaine est l'introduction de techniques donnant un accès de plus en plus direct à l'observation du fonctionnement de ces réseaux. Ces techniques, encore en plein développement, constituent ce qu'on appelle la « neuro-imagerie fonctionnelle ». La neuro-imagerie fonctionnelle permet de visualiser la forme et l'activité du cerveau. Elle a été rendue possible à la faveur de progrès technologiques, à la fois dans le domaine de capteurs permettant une résolution spatiale de plus en plus élevée, et dans le domaine de l'analyse d'images par informatique (la tomographie grâce à laquelle on peut visualiser le cerveau sous la forme de coupes et la reconstruction tridimensionnelle des structures cérébrales)[1].

La neuro-imagerie fonctionnelle permet d'observer le cerveau au cours de son fonctionnement normal et non

---

1. Olivier Houdé, Bernard Mazoyer, Nathalie Tzourio-Mazoyer, *Cerveau et psychologie*, Paris PUF, 2002.

plus seulement de décrire son anatomie. Certaines des méthodes de neuro-imagerie que nous allons décrire nous permettent de toute façon de visualiser l'anatomie du cerveau étudié : elles sont évidemment d'une grande utilité pour étudier la forme et la localisation d'une lésion cérébrale (Figure 2-3).

Nous allons maintenant décrire les techniques de neuro-imagerie fonctionnelle selon les propriétés du

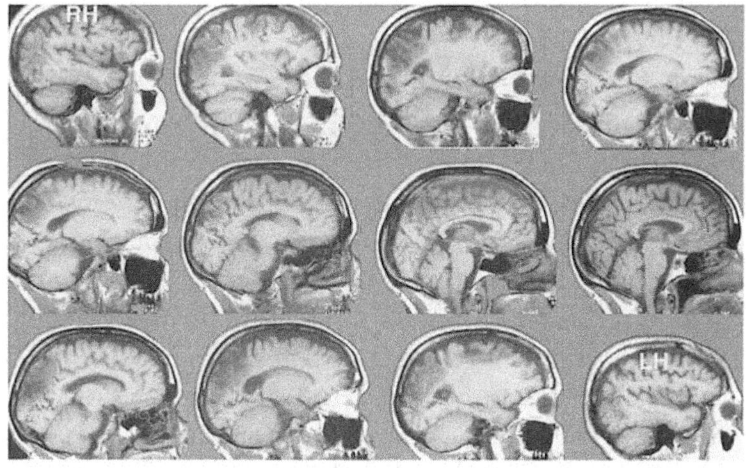

FIGURE 2-3
Coupes tomographiques sagittales d'un cerveau humain obtenues par la méthode de l'imagerie par résonance magnétique (IRM). La première en haut à gauche passe au travers de l'hémisphère droit. Noter les reliefs osseux marquant l'orbite et l'os maxillaire supérieur ; la coupe située à la fin de la seconde rangée à droite passe par la scissure entre les deux hémisphères ; les coupes suivantes traversent l'hémisphère gauche.
Le sujet dont le cerveau est représenté ici présente une lésion de la partie postérieure de ses deux hémisphères, visible sous la forme d'une opacité plus marquée. (D'après D.A. Milner et al., Proc. R. Soc. London, 1999, 266 : 2225, 2229)

tissu nerveux qu'elles utilisent pour mesurer le fonctionnement cérébral. La première propriété mise à contribution est le fait que, lorsque l'activité d'un ensemble de neurones augmente, sa consommation de glucose et d'oxygène augmente proportionnellement. Cette augmentation du métabolisme cellulaire entraîne une modification locale du débit sanguin des petits vaisseaux de la zone concernée. La mesure du débit sanguin local (en anglais, *regional Cerebral Blood Flow*, rCBF), ou la mesure de la concentration locale en oxygène, ou enfin la combinaison des deux sont donc des moyens permettant de connaître la localisation des zones activées lors d'une tâche donnée.

Deux techniques utilisent cette propriété du tissu nerveux. La première est la tomographie par émission de positons (TEP). Certains corps radioactifs émettent des particules positives (les positons) qui, lorsqu'elles entrent en collision les unes avec les autres, provoquent l'émission d'un photon. Des capteurs situés en couronne autour de la tête du sujet recueillent ce signal, amplifié ensuite par un système de photomultiplication. Le corps le plus fréquemment utilisé pour les études de TEP qui seront décrites dans ce livre est un isotope de l'oxygène ($_{15}$O), introduit dans l'organisme par injection intraveineuse d'eau marquée ($H_2\ _{15}O$). L'intérêt de cet isotope est double : d'une part, comme nous l'avons vu, l'oxygène se concentre dans les zones les plus actives ; d'autre part, sa radioactivité s'épuise rapidement (sa demi-vie est de l'ordre de 2 minutes), ce qui diminue sa nocivité. Un problème inhérent à la TEP est sa faible résolution spatiale : le positon, pour devenir efficace, doit parcourir une certaine distance avant d'acquérir une vitesse suffisante ; cette distance minimum est donc une limite spatiale de fait pour la production d'un photon. Un autre problème est que la radioactivité doit s'accumuler suffisamment longtemps pour devenir détectable par rapport au bruit de fond, d'où la nécessité de la mesurer sur une durée relativement longue (60 à 90 secondes).

La seconde technique est l'imagerie fonctionnelle par résonance magnétique (IRMf) qui utilise la propriété de certains corps de se comporter comme des dipôles magnétiques. Soumis à un champ magnétique intense et bref (produit par un aimant entourant la tête d'une puissance de 1 à plusieurs Teslas), ces dipôles changent d'orientation : le retour à leur position initiale (la relaxation) constitue un signal qui peut être capté et amplifié. Il se trouve que l'hémoglobine du sang présente de telles caractéristiques : la désoxy-hémoglobine (qui vient de libérer son atome d'oxygène) se comporte comme un dipôle. Si l'on admet que la désoxyhémoglobine se trouve en plus grande quantité dans les régions qui consomment de l'oxygène, le signal local (le signal BOLD, pour *Brain Oxygenation Level Dependent*) constituera un indice d'activation. Cette technique présente plusieurs avantages par rapport à la TEP : elle ne comporte en principe pas de limitation spatiale ; sa constante de temps est plus courte (une durée de quelques secondes fournit un signal détectable) ; elle ne présente pas de nocivité connue, ce qui permet de l'utiliser de manière itérative. Toutefois, le signal utilisé par l'IRMf est faible (2 % à 3 % au-dessus du bruit de fond), ce qui limite sa résolution. On peut pallier cet inconvénient en augmentant la puissance de l'aimant.

La mesure du flux sanguin local utilisée par ces techniques fournit des indices décalés par rapport à l'activité des neurones proprement dits. D'abord, l'augmentation du métabolisme qu'elles enregistrent concerne surtout la région du neurone riche en synapses, c'est-à-dire la région des dendrites. Le signal le plus direct du fonctionnement du neurone (le potentiel d'action produit dans la région de l'axone) n'est pas détectable en IRMf du fait de son faible coût métabolique et de la faible consommation en oxygène qu'il occasionne. Ensuite, comme on l'imagine, les modifications du flux sanguin ne peuvent être que consécutives à l'augmentation du métabolisme du neurone, si bien que l'indice enregistré est en fait retardé (sans doute de plusieurs secondes) par rapport à l'émission des potentiels d'action. Enfin, le fait que la mesure est effectuée sur des durées relativement longues (de l'ordre d'une seconde pour l'IRMf à une minute pour la TEP) ne permet pas de connaître le décours temporel exact de l'activation. Cette difficulté peut être partiellement contournée par l'IRMf « événementielle » qui permet de recueillir les modifications métaboliques en rapport avec un seul événement (la réponse à un stimulus, par exemple). Enfin, ces méthodes d'imagerie sont tributaires de la variabilité du cerveau humain d'un individu à l'autre, fort gênante pour déterminer la localisation anatomique précise des régions activées. Afin de superposer les images d'activation obtenues avec les cerveaux de plusieurs sujets (pour en tirer des conclusions statistiques), il faut utiliser des techniques informatiques permettant de faire coïncider ces images en dépit de leurs différences, en utilisant des repères relativement stables, comme la position des sillons dus au plissement du cortex.

La deuxième propriété du tissu nerveux mise à contribution par la neuro-imagerie fonctionnelle est le fait que l'activité des neurones produit des champs électriques ou magnétiques. L'électroencéphalographie (EEG), connue dans son principe depuis les années 1930, permet de recueillir les variations du champ électrique au niveau d'électrodes placées sur le scalp, de l'amplifier et de l'enregistrer en fonction du temps. En plaçant jusqu'à 128 électrodes sur un scalp, on peut, par extrapolation d'une électrode à l'autre, obtenir une carte continue de l'activité électrique de l'ensemble du cortex cérébral. Cette méthode est souvent utilisée en relation avec un événement (présentation d'un stimulus ou exécution d'une tâche) : en répétant de nombreuses fois le même événement et en calculant la moyenne des réponses, on obtient une image de l'activité cérébrale pendant la période qui précède et suit l'événement. L'avantage de la technique d'EEG est évidemment sa très grande résolution temporelle. En revanche, l'information topographique est limitée et dépend étroitement des modèles de la forme du crâne ou du plissement du cortex utilisés pour reconstruire la carte de l'activité. Plus récemment, des études portant sur d'autres aspects de l'activité électrique cérébrale (par exemple, l'analyse fréquentielle localisée, le degré de cohérence entre les différentes régions enregistrées, etc.) révèlent de nouveaux aspects de la dynamique spatio-temporelle de l'activité corticale (Figure 2-4).

L'enregistrement des variations du champ magnétique émis par le cerveau par des systèmes de semiconducteurs (magnéto-encéphalographie, MEG) donne des informations substantiellement similaires à celles que fournit l'EEG, avec une résolution spatiale plus élevée. Des modèles de la position et de l'orientation des dipôles situés au sein du cortex permettent des estimations topographiques relativement réalistes.

La validité des résultats obtenus par les méthodes de mesure du flux sanguin localisé (TEP et IRMf) ainsi que, dans une moindre mesure, avec les méthodes électromagnétiques, dépend étroitement du paradigme utilisé pour activer le cerveau. Une opération (surtout une opération cognitive) peut difficilement être isolée de l'ensemble de l'activité cérébrale qui contribue à sa réalisation. L'acquisition du stimulus, la production de la réponse sont autant d'opérations non spécifiques de telle ou telle opération cognitive, mais au contraire communes à un grand nombre d'opérations. Pour isoler l'opération à étudier, on utilise le plus souvent une méthode de soustraction : l'activité cérébrale est enregistrée au cours d'une condition neutre où le stimulus est présenté sans instruction particulière ; cette activité est ensuite soustraite de la condition cible, ne laissant persister que l'activité résultant de l'opération étudiée.

On a parlé de « révolution » à propos de l'imagerie cérébrale, un ensemble de techniques qui date d'à peine vingt ans. Le terme est exact. La neuro-imagerie

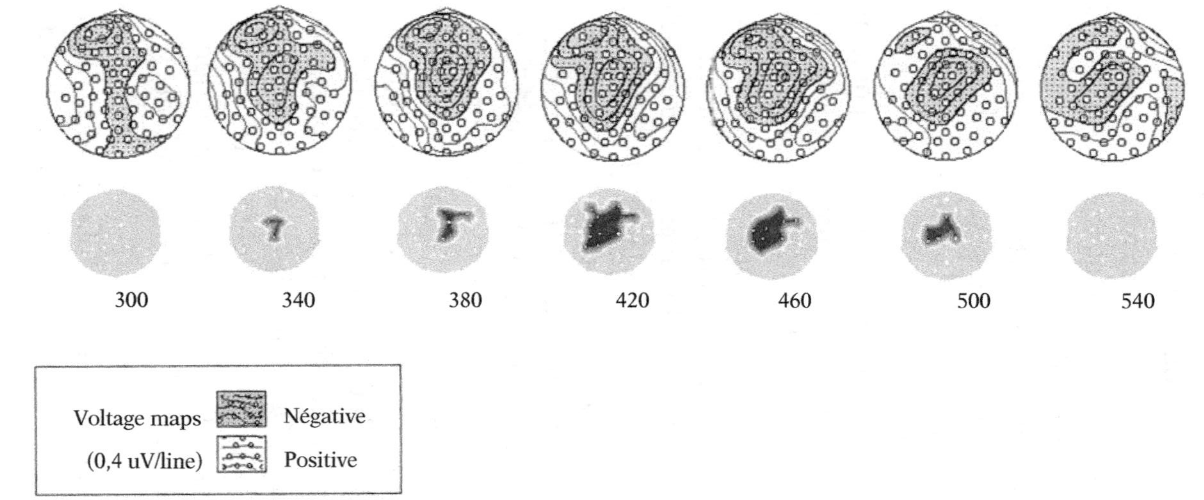

FIGURE 2-4
Carte fonctionnelle du cortex cérébral obtenue à partir de la méthode électroencéphalographique. La carte d'activité électrique est présentée toutes les 40 millisecondes à partir de 300 millisecondes après la présentation d'un stimulus. On voit l'activité électrique se modifier au cours du temps.

est, pour les sciences cognitives, l'équivalent de ce qui s'est passé avec la radiographie à ses débuts en médecine. Les médecins se trouvaient tout à coup capables de voir les organes et d'en repérer les lésions, auxquelles ils n'avaient jusque-là accès que par des méthodes externes comme la palpation ou l'auscultation. L'imagerie cérébrale à ses débuts, certes, n'a souvent fait que confirmer des données acquises depuis longtemps avec des techniques plus simples et surtout moins coûteuses. Ni le fait que le cortex moteur s'active lorsque l'on bouge les doigts de la main du côté opposé, ni le fait que la zone de Broca s'active quand on produit des mots, ou que le cortex visuel s'active lorsqu'on observe une scène lumineuse n'ont apporté grand-chose à notre connaissance du cerveau. C'est lorsqu'on a commencé à utiliser ces techniques dans des tâches complexes, tirées de l'arsenal de la psychologie cognitive, que leur valeur potentielle pour la connaissance du cerveau est véritablement apparue. L'imagerie, surtout dans sa dimension fonctionnelle telle qu'elle vient d'être décrite, constitue donc une révolution dans le domaine de l'étude des fonctions cognitives : elle permet de voir et d'enregistrer des états du cerveau qu'on ne pouvait que deviner jusque-là. L'imagerie nous donne accès à l'activité du cerveau au cours d'états purement mentaux. On peut voir ce qui se passe dans le cerveau d'un sujet qui se concentre sur l'exécution d'une tâche purement mentale selon l'instruction qu'il a reçue, en l'absence d'information entrante et de réponse à la sortie.

Ces techniques ont permis d'obtenir des résultats tout aussi spectaculaires dans certains domaines de la pathologie mentale. Prenons comme exemple les études réalisées chez des patients atteints de maladies mentales graves comme la schizophrénie. Ces patients présentent des hallucinations verbales : ils ont la conviction d'entendre des voix qui leur semblent provenir de l'extérieur et qui s'adressent à eux. L'enregistrement de l'activité cérébrale par IRMf au cours d'une période où les patients présentent des hallucinations révèle une intense activité des régions du cortex qui traitent normalement les signaux auditifs et, plus particulièrement, dans l'hémisphère gauche, les zones qui traitent les signaux de langage. Cette découverte, qui ne pouvait être soupçonnée sur la base du seul examen clinique, a permis de réviser en profondeur nos conceptions sur cette maladie.

Quelle image du fonctionnement du cerveau nous donnent-elles ? Que savons-nous de plus que ce qu'auraient pu nous apprendre d'autres approches du fonctionnement du cerveau à un niveau plus élémentaire ? La réponse à ces questions n'est encore que provisoire, faute de pouvoir prévoir avec précision ce que seront les approches futures. Disons que ces études nous ont donné accès à une dimension nouvelle du fonctionnement cérébral, le fonctionnement en réseau. Les localisations décrites par les anatomistes et les neurologues ne sont plus ce qu'elles étaient : elles sont incluses dans des réseaux qui se font et se défont en fonction de la tâche cognitive dans laquelle le sujet est impliqué. Plus nouveau encore, les mêmes zones du cerveau servent plusieurs fonctions et peuvent faire partie successivement de plusieurs réseaux fonctionnels différents. En d'autres termes, une zone cérébrale donnée n'a pas une fonction unique : ses ressources sont mises à profit dans des stratégies cognitives différentes. C'est le cas, comme nous aurons l'occasion de le revoir, des régions dites « associatives » du cortex, celles qui sont situées dans les zones frontales ou pariétales, par exemple. Ces aires multifonctionnelles sont activées dans de nombreuses tâches cognitives différentes, mais elles font chaque fois partie d'un réseau cérébral différent.

Le cerveau modifiable

Le cerveau adulte se modifie au cours du temps. Il n'est peut-être pas exagéré de dire qu'on n'observe jamais deux fois le même cerveau, tant sont fréquentes les modifications du nombre, de la forme et de la taille de ses éléments. Certes, la structure générale des connexions dont nous avons étudié l'établissement au chapitre précédent reste immuable ; en revanche, la capacité de ces connexions à transmettre de l'information, leur débit, en quelque sorte, varie considérablement en fonction de l'activité du réseau auquel elles appartiennent. La densité des connexions à l'intérieur du cerveau est telle qu'on estime qu'un neurone donné est connecté, au-delà de quelques synapses, avec pratiquement tous les autres. De synapse en neurone et de neurone en synapse, se produit une formidable amplification des connexions. Pour que la circulation de l'information au sein de cet ensemble se fasse de manière ordonnée et non au hasard, il est donc important que des trajets ou des circuits se dessinent et se forment peu à peu en fonction des besoins. La théorie qui tente d'expliquer cette canalisation de l'information date du courant des années 1940[1]. Selon elle, les synapses du cerveau sont façonnées par un processus de croissance qui dépend du taux d'information qui les traverse. Si une synapse appartient à un circuit souvent utilisé, elle tend à augmenter de volume, sa perméabilité devient plus grande et son efficacité augmente. À l'inverse, une synapse peu utilisée tend à devenir moins efficace. La théorie de l'efficacité synaptique permet donc d'expliquer le modelage progressif d'un cerveau sous l'influence de l'expérience de l'individu qui le porte jusqu'à pouvoir, en principe, rendre compte des caractéristiques et des particularités individuelles de chaque cerveau. Nous avons déjà parlé de ce mécanisme d'individuation qui fait de chaque cerveau un objet unique en dépit de son appartenance à un modèle commun. Pour ce qui concerne ce chapitre, toutefois, nous considérerons la théorie de l'efficacité synaptique avant tout comme une théorie de l'acquisition de nouvelles capacités, en un mot, une théorie de l'apprentissage et de la mémoire.

Les phénomènes d'apprentissage peuvent s'observer directement par l'enregistrement de l'activité de neurones qui font partie du circuit où il se produit. On constate que la même excitation appliquée à l'entrée du circuit n'a pas le même effet sur un neurone donné de ce circuit selon qu'elle est appliquée pour la première fois ou qu'elle a été répétée de nombreuses fois.

---

1. Il s'agit de la théorie du Canadien Donald O. Hebb.

Les modifications du potentiel de membrane de ce neurone provoquées par l'excitation seront, selon les cas, diminuées ou augmentées. Prenons comme premier exemple un apprentissage très simple qui peut être étudié sur un mollusque, la limace de mer ou aplysie. L'intérêt d'utiliser cet animal pour la démonstration, c'est qu'il est possible d'exporter une partie de son système nerveux hors de l'organisme et de le maintenir en survie artificielle pendant un temps suffisamment long. Lorsqu'on applique une stimulation de faible intensité sur le siphon d'une aplysie, l'animal réagit par une rétraction de son siphon. Si la stimulation est répétée plusieurs fois de suite, le réflexe de rétraction diminue progressivement pour finalement disparaître (apprentissage par habituation). Reprise sur le système nerveux isolé d'une aplysie, l'expérience donne les mêmes résultats : la stimulation du nerf provenant du siphon provoque au début l'apparition de potentiels d'action dans les neurones qui contrôlent les muscles du siphon (les motoneurones). Si la stimulation est répétée, les potentiels d'action disparaissent et laissent place à une faible modification du potentiel de membrane qui finit par disparaître à son tour. Cet apprentissage par habituation se fait par une diminution progressive du nombre de vésicules synaptiques (et donc de la quantité de neurotransmetteur sécrétée) dans les terminaisons présynaptiques connectées aux motoneurones. Cet exemple démontre donc que la réponse d'un circuit n'est pas fixe mais peut varier en fonction des circonstances. En l'occurrence, la répétition hors contexte de la même excitation provoque rapidement une dépression des mécanismes de la transmission synaptique. Cette dépression peut ensuite persister pendant plusieurs jours.

Le second exemple est au contraire celui d'une facilitation de l'activité neuronale produite par une stimulation répétée. L'expérience, cette fois, se déroule sur une tranche de cerveau de rat contenant l'hippocampe. On applique une stimulation à haute fréquence sur une des voies de circulation de l'information dans l'hippocampe. On constate immédiatement après cette stimulation que la transmission synaptique à l'intérieur de cette voie est augmentée ; cette augmentation dure plusieurs heures. Le mécanisme de cette « potentialisation à long terme » (PLT) serait lié à l'ouverture des canaux calcium de la cellule présynaptique, ce qui provoquerait la sécrétion du neurotransmetteur et l'excitation persistante de la cellule postsynaptique. Cette potentialisation peut de plus diffuser à des synapses voisines et faciliter ainsi un ensemble de neurones. Du fait de sa persistance sur une longue durée, la PLT constitue évidemment un mécanisme potentiel pour le stockage d'une information en mémoire.

Le troisième exemple de plasticité que nous abordons est en relation directe avec l'apprentissage d'une activité motrice telle que nous pouvons l'observer couramment sur nous-mêmes. Imaginons une expérience simple où un sujet doit apprendre, avec sa main droite, à pianoter une séquence de notes sur un piano. La première fois, il fait de nombreuses erreurs puis, au fil des répétitions, il apprend à reproduire la séquence de mieux en mieux. On mesure, au début de l'expérience, l'excitabilité de la zone du cortex moteur du côté gauche qui contrôle l'exécution des mouvements des doigts de la main droite. Cette mesure s'effectue au moyen d'une très brève stimulation électrique appliquée à travers la boîte crânienne : on peut ainsi évaluer la quantité de courant nécessaire pour provoquer la contraction d'un muscle de la main. Lorsqu'on répète cette mesure à la fin de l'entraînement, on constate que le seuil nécessaire pour obtenir la contraction du muscle s'est abaissé et que la zone du cortex où la stimulation est efficace s'est étendue. On en déduit que l'utilisation répétée et intensive d'une zone du cortex cérébral y provoque des modifications synaptiques : les synapses agrandissent leur aire de contact, leur perméabilité augmente, la conduction nerveuse y est plus rapide. D'autres travaux sur des préparations plus simples montrent que l'apprentissage influence l'ensemble de la chaîne métabolique mise en jeu dans le fonctionnement des neurones concernés : leur activité répétée déclenche une augmentation de l'expression des gènes contrôlant la fabrication de protéines nécessaires à ce fonctionnement. Il est possible, par des méthodes de coloration de ces protéines, de déterminer la localisation anatomique des neurones dont l'activité est ainsi augmentée.

La plasticité synaptique survenant au cours de l'apprentissage, au cours du développement comme à l'état adulte, sculpte le cerveau de chacun d'entre nous. L'éducation, l'expérience, l'entraînement font de chaque cerveau une œuvre unique.

Le cerveau malade

Le fonctionnement du cerveau peut être altéré par de nombreuses causes pathologiques. Les lésions localisées peuvent être dues à des atteintes directes, par exemple au cours d'accidents occasionnant un traumatisme cranio-cérébral. Elles peuvent également être la conséquence d'une fragilité des vaisseaux sanguins dont la rupture ou l'obstruction produit une hémorragie (accident vasculaire cérébral). Plus rarement enfin, elles peuvent être provoquées au cours de l'ablation chirurgicale d'une tumeur.

D'autres causes pathologiques peuvent affecter le fonctionnement d'ensembles de neurones qui, une fois atteints, dégénèrent progressivement. La cause intime de ces maladies dégénératives est en général très mal connue. Dans la maladie de Parkinson*, l'atteinte est limitée à la dégénérescence d'un groupe de neurones localisés dans la substance noire, région située dans le tronc cérébral. Ces neurones sont spécialisés dans la fabrication de dopamine, un neurotransmetteur indispensable au fonctionnement du système moteur. Dans la maladie d'Alzheimer*, la dégénérescence atteint de façon prédominante des neurones fabriquant de l'acétylcholine et situés dans une région de la base du cerveau.

Dans d'autres cas, il s'agit de maladies atteignant de larges régions du tissu nerveux (par exemple, le cortex) et pouvant occasionner un dysfonctionnement global de ses fonctions. C'est le cas des encéphalites dues à des virus. La sclérose en plaques est une atteinte diffuse de la myéline qui entoure les fibres nerveuses, due à une déficience des mécanismes contrôlant l'immunité du cerveau.

Certaines affections, enfin, sont dues à des lésions « invisibles ». La cause du dysfonctionnement, souvent d'origine génétique, atteint le mécanisme de transcription de certains gènes et donc la synthèse de protéines indispensable au fonctionnement des neurones. Certaines maladies mentales, dont la schizophrénie, pourraient relever de cette étiologie.

Le but de cette description n'est pas d'approfondir les aspects proprement médicaux de ces maladies, mais plutôt de tenter de déterminer ce que l'étude du fonctionnement du cerveau malade peut nous apprendre sur le fonctionnement du cerveau intact. Une première question que l'on peut se poser à propos du cerveau malade est de savoir comment et dans quelle mesure une fonction atteinte par une lésion localisée peut se réorganiser. Prenons comme exemple la paralysie du bras gauche provoquée par une lésion de la région motrice du cortex du côté droit à la suite d'un accident vasculaire cérébral. Au début, tout mouvement est impossible, le bras est immobile et flasque. Au bout de quelque temps, la force musculaire revient, des mouvements du coude et du poignet réapparaissent. Comment cela est-il possible si les neurones responsables de la commande de ces mouvements sont détruits ? La neuro-imagerie fonctionnelle est ici d'une grande utilité : elle nous montre que, lors des efforts du patient pour bouger le bras paralysé, c'est la région motrice du cortex du côté gauche, épargné par la lésion, qui s'active. Le patient, de lui-même ou sous l'influence de la rééducation, a appris à utiliser des voies nerveuses qui ne le sont pas à l'état normal. Cette réorganisation de la fonction motrice témoigne, une fois de plus, de la plasticité des mécanismes cérébraux. L'étude systématique de la réorganisation des réseaux du cerveau après une lésion peut apporter une contribution essentielle à la rééducation fonctionnelle de ces patients.

Une autre question, d'ordre plus général peut être posée : comment l'étude des effets d'une lésion peut-elle nous aider à bâtir une théorie du fonctionnement normal ? Prenons, là encore, l'exemple d'une lésion localisée dans une zone particulière du cortex. Les symptômes peuvent-ils être considérés comme l'image en négatif de la fonction normale de la zone détruite ? Rappelons-nous que c'est en utilisant ce raisonnement que s'est constituée la théorie des localisations cérébrales exposée au chapitre précédent. Le neuropsychologue qui cherche à comprendre la fonction normale à partir des symptômes d'une lésion est un peu comme l'archéologue qui cherche à reconstituer une civilisation disparue : ne pouvant se satisfaire de la simple description des vestiges que cette civilisation a laissés derrière elle, il doit auparavant posséder une théorie de son fonctionnement et de son organisation sociale. L'histoire des neurosciences témoigne de cette difficile construction d'une théorie cohérente du fonctionnement mental. La conception héritée de la théorie des localisations cérébrales a souvent été remise en cause. La dissolution apparente d'une fonction par une lésion n'est-elle pas une illusion produite par la pathologie, qui ne tiendrait pas compte du fait qu'à l'état normal le système fonctionne en réseau continu et que le siège de la lésion ne constitue pas pour autant celui d'une fonction ? La théorie actuelle (celle de la neuropsychologie cognitive) part donc d'un point de vue différent : on commence par décrire le système cognitif comme un ensemble de modules distincts les uns des autres et pouvant fonctionner de manière indépendante, au moins pour ce qui est des traitements de « bas niveau ». Le module contrôlant le langage serait indépendant pour ce qui concerne le traitement des sons, l'assemblage des mots, etc. ; le module contrôlant l'orientation dans l'espace serait indépendant pour ce qui est du traitement de la distance et de la direction des objets par rapport au corps. Un module est donc conçu avant tout comme un sous-système fonctionnel mais auquel on peut tenter d'attribuer une dimension anatomique. C'est là qu'interviennent les données recueillies lors de l'observation des patients. Si un patient qui présente une difficulté à comprendre ou à produire le langage conserve par ailleurs une capacité normale à s'orienter dans l'espace, c'est que sa lésion atteint une partie critique du module du langage et laisse intact le module de l'orientation dans l'espace. Les théoriciens de l'organisation modulaire du fonctionnement cérébral pensent que les modules, bien qu'indépendants pour ce qui est du traitement de bas niveau (le traitement des informations sensorielles, par exemple), doivent être contrôlés de haut en bas par une sorte de superviseur qui ferait communiquer les modules les uns avec les autres. Comment en effet, pensent ces théoriciens, pourrait-on imaginer une activité mentale cohérente sans tenir compte de ce qui est traité simultanément dans plusieurs modules ? Comment, en particulier, traiter le problème de la conscience si l'on admet un traitement entièrement modulaire ? Nous reviendrons sur ce problème épineux dans un autre chapitre.

Chapitre III

LE CERVEAU ET LE CORPS

Le cerveau fait partie du corps. Il en partage la destinée, puisque c'est par le corps qu'il entre en contact avec le monde extérieur, acquiert son expérience et se construit pendant le développement et tout au long de la vie. C'est aussi par le corps que le cerveau agit sur le monde extérieur, en guidant les actions, en influençant le cours des événements. Enfin, le cerveau est en interaction permanente avec l'ensemble des organes qui composent le corps. Il régule leur fonctionnement et subit à son tour leur influence. Ce chapitre explore les relations entre le cerveau et le corps d'un double point de vue : celui du corps interface avec le monde extérieur, et celui du corps compagnon dans un même monde intérieur

Le cerveau, le corps et le monde extérieur

Le corps est immergé dans un champ de forces physiques. Il possède des capteurs, les organes des sens, qui lui permettent d'enregistrer les variations de ces forces : les ondes lumineuses sont captées par la rétine, les ondes sonores par la cochlée, les forces mécaniques (de contact, de frottement ou de pression) et les radiations thermiques par des récepteurs situés dans la peau. Enfin, des capteurs sensibles à la forme de certaines molécules sont à la base des sens chimiques comme l'olfaction et le goût. Le type et la forme des capteurs présents dans nos organes des sens limitent la gamme des variations du monde physique que nous pouvons enregistrer. De ce fait, certains phénomènes physiques nous échappent totalement. D'autres espèces, possédant des capteurs différents, sont capables d'enregistrer ces phénomènes : l'oreille de la chauve-souris entend les ultrasons, les capteurs thermiques de certains reptiles enregistrent les radiations en infrarouge et les oiseaux migrateurs sont sensibles aux variations du champ magnétique terrestre.

Les organes des sens ont pour fonction de traduire les variations physiques et chimiques provenant du monde extérieur recueillies par ces capteurs en impulsions nerveuses, ce qu'on appelle la « transduction sensorielle ». Dans la rétine, la transduction est une opération photochimique : des pigments photosensibles situés à l'intérieur des cellules réceptrices (cônes et bâtonnets) subissent une transformation de leur structure moléculaire suite à l'absorption de la lumière. Cette transformation agit sur les canaux ioniques situés dans la membrane de la cellule, ce qui dépolarise cette dernière et provoque finalement la libération du neurotransmetteur. Dans l'appareil olfactif, les molécules odorantes de l'air s'accouplent avec des récepteurs situés dans la muqueuse du nez. La douleur résulte de l'excitation chimique de petites arborescences nerveuses présentes dans pratiquement tous les tissus de l'organisme par des molécules étrangères résultant de la lésion des tissus. Ailleurs, il s'agit de déformations mécaniques des capteurs : pour l'audition, par exemple, l'alternance d'ondes de compression et de dépression de l'air produite par les vibrations sonores provoque la vibration du tympan et des osselets de l'oreille moyenne. Ces vibrations entraînent des variations de pression du liquide qui baigne l'oreille interne ce qui, en définitive, déforme les cellules ciliées de la rampe tympanique. La déformation des cellules modifie leur potentiel de membrane. Quant aux sensations tactiles, elles sont dues à la déformation directe des capteurs provoquées par le contact des objets avec la peau.

Les informations nerveuses produites par plusieurs organes des sens à propos d'un même objet fusionnent pour en donner une représentation globale. Prenons comme exemple l'analyse sensorielle d'un aliment placé dans la bouche. Ses propriétés chimiques sont analysées simultanément par les récepteurs du goût et ceux de l'odorat : sous l'influence de la mastication, des corps volatils s'en échappent et gagnent les récepteurs du nez par l'arrière de la bouche. La combinaison du goût et de l'odorat aboutit à déterminer l'arôme de l'aliment. En même temps, les récepteurs tactiles situés à l'intérieur de la bouche donnent des informations sur sa consistance (onctuosité, velouté, etc.) et sa température ; des récepteurs mécaniques situés dans les muscles masticateurs renseignent sur sa dureté...

Nous insisterons ici sur la manière dont le cerveau utilise les informations qui lui sont transmises de la surface du corps pour reconstruire le monde environnant et lui donner son sens. Prenons l'exemple de la surface sensible qu'est la rétine. La rétine, sur laquelle s'imprime l'image du champ visuel grâce aux lentilles de la partie antérieure de l'œil, envoie ses fibres vers une région spécialisée du cortex cérébral, le cortex visuel. À ce niveau existe une correspondance point par point entre une zone de l'espace visuel, une zone de la rétine et une zone du cortex. Cette correspondance (la rétinotopie) est due au fait que, comme nous l'avons vu, les fibres issues de la rétine se projettent sur le cortex de manière ordonnée, de telle sorte que leurs terminaisons y reconstituent une carte de la rétine. Ce mode d'organisation se retrouve dans tous les systèmes visuels connus de l'échelle des vertébrés possédant un cortex cérébral. Chez l'être humain, on a pu reconstituer cette carte à partir de l'observation de blessés de guerre porteurs de plaies du cerveau causées par des éclats d'obus. Une lésion localisée du cortex occipital entraîne une perte de la vision d'une région de l'espace (un scotome) (Figure 3-1). En cumulant les données obtenues chez de nombreux patients, on voit apparaître l'organisation topographique détaillée du cortex visuel : on peut ainsi repérer la zone correspondant à la fovéa (le centre de la rétine) ou la zone correspondant à son méridien vertical. Ce que nous montre cette reconstruction, c'est que la projection de la fovéa occupe sur le cortex une surface disproportionnée par rapport à sa surface réelle et à sa projection dans l'espace visuel. La vision au centre de la rétine a, de ce fait, une caractéristique remarquable : l'acuité visuelle y est sensiblement plus élevée que dans les autres

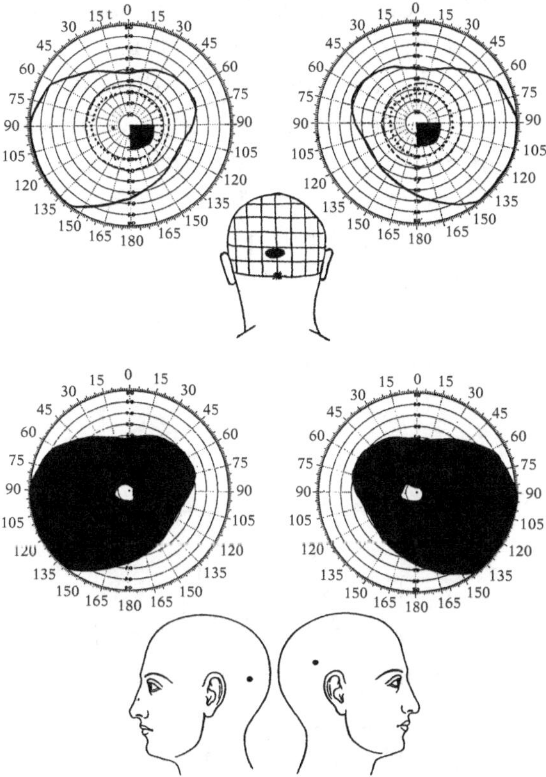

FIGURE 3-1

Représentation du champ visuel chez deux sujets présentant des blessures par balle de la région postérieure du cerveau. En haut, la lésion affecte la partie la plus postérieure et médiane du lobe occipital gauche. Les champs visuels de l'œil droit et de l'œil gauche présentent une zone aveugle (un scotome, représenté par la zone noire) situé dans la partie droite du champ visuel. Noter que ce scotome affecte seulement la vision de la partie centrale du champ visuel. En bas, la balle a traversé le crâne de part en part au niveau de la partie antérieure des deux lobes occipitaux. Le champ visuel des deux yeux présente un immense scotome qui n'épargne que la région centrale du champ visuel. Ces effets de lésions sur le champ visuel correspondent précisément à la topographie de la représentation du champ visuel sur le cortex occipital. Se reporter à la figure 3-2 pour l'anatomie de cette région.

Ces travaux résultent d'observations faites par le neurologue anglais Gordon Holmes sur des blessés de la guerre de 1914-1918.

parties de la rétine. Cette acuité élevée est la conséquence d'une densité plus forte en récepteurs rétiniens (les cônes). La partie centrale de la rétine bénéficie donc d'un facteur d'agrandissement plus élevé que les autres parties. Cela ne signifie évidemment pas que nous voyons plus gros les objets que nous fixons avec la fovéa : nous les voyons mieux, en y décelant des détails plus fins. En termes anatomiques, cela signifie que la vision de la fovéa dispose sur le cortex d'un plus grand nombre de connexions et donc d'un plus vaste espace de traitement (Figure 3-2).

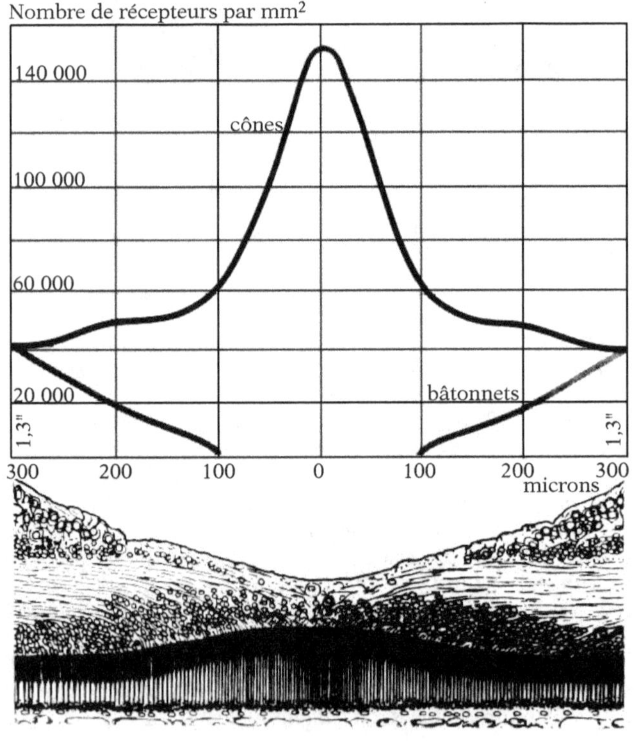

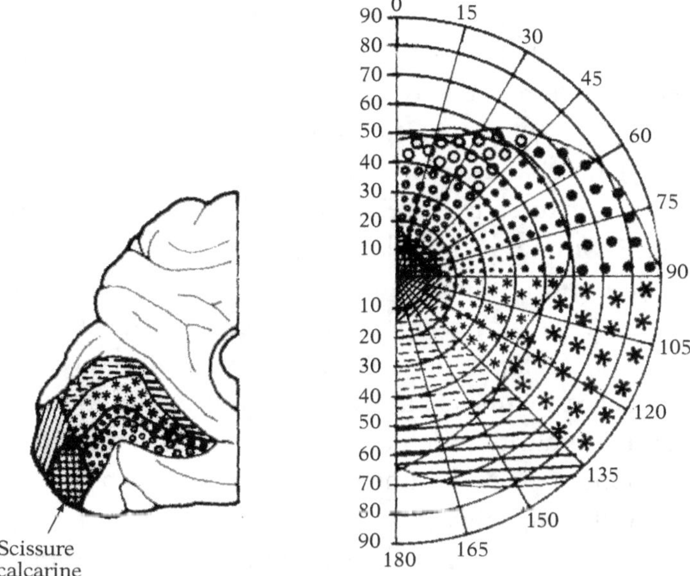

FIGURE 3-2

Caractère non linéaire de la rétinotopie sur le cortex occipital. Sur la page de gauche est représentée une coupe verticale de la rétine traversant la zone centrale (fovéa). Comme le montre le diagramme situé au-dessus de la coupe, cette zone est marquée par une forte densité en récepteurs (exclusivement des cônes), alors que les bâtonnets, moins nombreux, occupent la partie périphérique de la rétine. Ci-dessus est représentée la projection de la rétine (rétinotopie) sur la scissure calcarine du lobe occipital. On constate que la partie centrale de la rétine occupe à elle seule près d'un tiers de la projection de la rétine sur le cortex. Il existe donc un facteur de multiplication qui donne une plus grande surface synaptique à cette région fonctionnellement importante de la rétine.

La conséquence de cet arrangement anatomique est que ce ne sont pas les coordonnées réelles du monde extérieur qui sont représentées dans le cerveau : la carte rétinotopique est représentée en coordonnées fonctionnelles qui nous révèlent la façon dont les informations du monde extérieur sont traitées par le cerveau et l'utilisation que l'organisme fait de ces informations. En d'autres termes, la rétinotopie déformée par rapport à l'espace visuel que nous constatons sur le cortex nous révèle la lecture que le système nerveux fait du monde visuel. Pour prendre une comparaison géographique, on pourrait comparer la rétinotopie à la carte d'un pays où chaque région occuperait une surface qui serait fonction, non de sa taille réelle, mais de facteurs non topographiques, comme sa population, par exemple. De la même façon, la carte rétinotopique du cortex visuel représente les zones de la rétine en fonction de leur acuité. Chez l'être humain, le développement d'une acuité visuelle élevée dans la fovéa a nécessité une expansion de sa représentation corticale et permis l'apparition de nouvelles capacités visuelles. La lecture du langage écrit est une des nombreuses exploitations de ces nouvelles capacités.

Ce principe d'une organisation topographique du cortex cérébral non proportionnelle à la surface du récepteur, que nous venons de découvrir à propos de la rétine, se retrouve aussi pour d'autres récepteurs. La surface de la peau est représentée dans une région du lobe pariétal située près du sillon central (l'aire somesthésique), en face de la région motrice du lobe frontal. Là encore, la projection de la surface des différentes régions cutanées sur le cortex n'est pas proportionnelle à leur surface réelle. Les zones corticales correspondant à la projection des récepteurs sensoriels de la face et de la main occupent une part considérable de la surface du cortex, au détriment de vastes régions comme le thorax ou la jambe, par exemple, qui sont comparativement sous-représentées (Figure 3-3 à gauche). Cette disproportion correspond à la finesse de la discrimination tactile au niveau de la face et surtout du bout des doigts qui nous servent à identifier les objets, leur texture, et le matériau

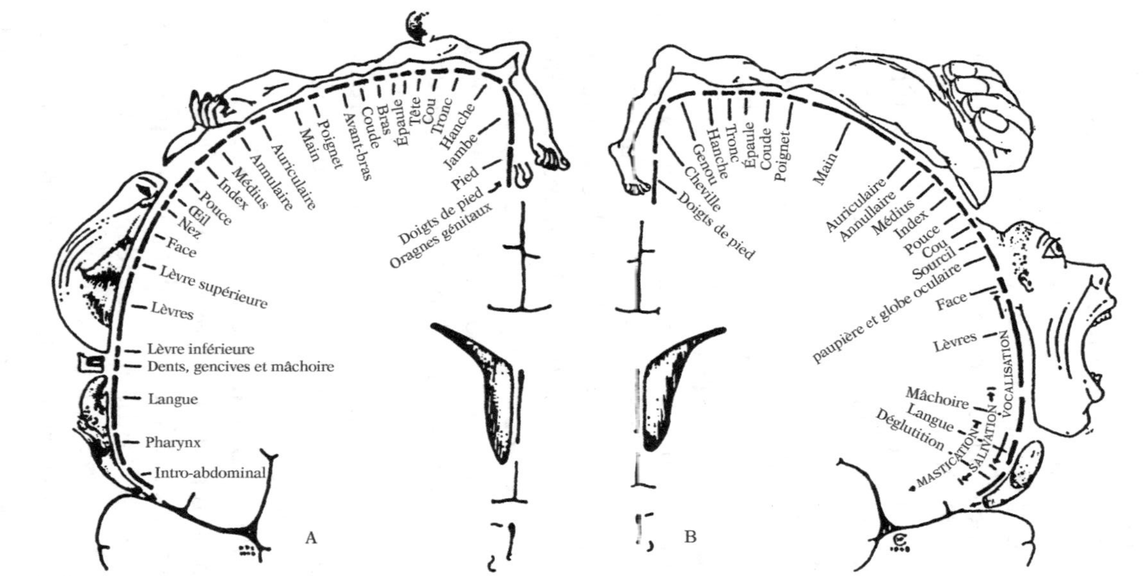

FIGURE 3-3

Représentation de la sensibilité et de la motricité sur le cortex cérébral. La figure de gauche montre la distribution de la sensibilité de la surface de la peau sur une coupe verticale du cortex passant par la région pariétale. Noter l'importance de la surface dévolue à la face, à la bouche (lèvres, pharynx, langue) et, dans une certaine mesure, à la main. Le reste du corps occupe une surface comparativement beaucoup plus faible. À droite est représentée sur une coupe passant par la région motrice du cortex moteur la distribution des régions contrôlant les muscles du squelette. Notez la surreprésentation des muscles de la face et de la main. Ces cartes ont été obtenues par le neurochirurgien canadien W. Penfield à partir de stimulations électriques du cortex de patients au cours d'opérations.

dont ils sont faits. La face est remarquablement efficace pour la détection fine de la température d'un objet : on approche souvent un objet de sa figure pour estimer sa température.

La projection de la surface des récepteurs sensoriels et de l'ensemble de la surface du corps sur le cortex cérébral constitue une image de l'environnement sur le cortex cérébral. Cette image, toutefois, ne reproduit pas l'espace réel : c'est une image transformée, une reconstruction adaptée aux besoins de l'organisme. On ne comprend mieux l'importance de cette organisation topographique transformée que lorsqu'on examine ses relations avec le système moteur, celui qui permet la réalisation des mouvements. Pour qu'un mouvement dirigé vers un objet soit efficace, le système moteur doit posséder une structure qui corresponde le plus étroitement possible à la façon dont est traitée l'information sensorielle concernant cet objet. Le système moteur doit posséder une organisation topographique qui soit en concordance avec la représentation de l'espace visuel et de l'espace du corps. Le caractère non linéaire de cette représentation, qui pouvait nous paraître surprenant, devient ainsi une des conditions d'efficacité du transfert de la perception en action.

Une partie de l'information sensorielle traitée par le cerveau est en effet utilisée pour produire des mouvements, soit en réponse à une stimulation, soit spontanés et dirigés vers un but situé à l'extérieur du corps. Une partie importante du cerveau (la région motrice du cortex, comme nous l'avons vu, mais aussi de nombreuses autres régions comme le cervelet* et les corps striés*) est consacrée à la production et au contrôle de nos mouvements.

Le cerveau moteur communique avec la musculature par l'intermédiaire de la moelle épinière : c'est là que se trouvent les motoneurones, cellules nerveuses qui entrent en contact direct avec les muscles. Les motoneurones reçoivent leurs instructions du cerveau par des faisceaux de fibres plus ou moins directs. Le plus important, chez l'humain, est le faisceau pyramidal qui, lui, provient directement de la région motrice du cortex cérébral. Chez les mammifères qui se sont développés antérieurement à l'apparition des primates, le faisceau pyramidal n'atteint qu'une faible partie des motoneurones. Chez le lapin, par exemple, il ne descend pas dans la moelle au-dessous des segments du cou, c'est-à-dire, n'innerve que les motoneurones des membres antérieurs. On peut expliquer ainsi la surprise des premiers expérimentateurs qui avaient constaté que la lésion du cortex moteur chez de tels animaux ne provoquait qu'une paralysie de courte durée : ils constataient qu'un animal sans cortex pouvait avoir un comportement moteur normal. Chez l'être humain, en revanche, la lésion du cortex moteur d'un côté ou la destruction d'un faisceau pyramidal entraîne une paralysie complète et persistante de la musculature de la moitié du corps (l'hémiplégie).

La représentation de la musculature à la surface du cortex moteur obéit à une organisation topographique du même type que celle de la surface de la peau. Les régions du cortex moteur qui innervent les muscles de la face et de la main sont surreprésentées par rapport à la masse réelle de ces muscles. Il en est de même des petits muscles du tractus vocal. À l'inverse, la commande des muscles du cou, du tronc et des membres inférieurs (à l'exception du pied) ne dispose que d'une surface corticale minime par rapport à leur masse. La carte motrice constitue donc une image déformée du corps, sous la forme d'un petit homme avec une tête et des mains de taille disproportionnée (Figure 3-3). Cette disproportion correspond à la finesse et à la précision des mouvements effectués à l'aide des muscles de la face (les mimiques et les expressions faciales), des muscles des doigts ou des muscles vocaux. Pour la face et les doigts, la finesse des mouvements est à l'échelle de la discrimination tactile. Au cours de la manipulation d'un objet, les mouvements de chaque doigt sont contrôlés indépendamment de ceux des autres, ce qui permet l'exploration de la forme et de la texture de l'objet par les récepteurs cutanés de la pulpe des doigts, là où les récepteurs tactiles sont les plus nombreux et les mieux représentés dans le cortex somesthésique. En outre, lorsque la manipulation se déroule sous le contrôle de la vision, les informations tactiles et visuelles coopèrent pour l'exploration de l'objet : au cours de cette opération, l'objet tenu par la main est placé dans la zone de vision correspondant à la zone centrale de la rétine, là où la vision est la plus fine. Nous disposons ainsi, dans notre espace de préhension, d'une capacité particulière adaptée à une reconnaissance plurimodale des objets (nous avons vu plus haut un autre exemple de reconnaissance plurimodale pour identifier un aliment dans la bouche). Cette capacité est le fruit d'une adaptation unique, propre aux primates et surtout à l'homme, qui nous permet de manipuler, de transformer et d'assembler des objets, en un mot d'utiliser des outils pour agir sur notre environnement.

Le cerveau, le corps et le monde intérieur

Notre cerveau ne nous renseigne pas seulement sur le monde extérieur par l'intermédiaire de la surface du corps. Il est aussi connecté avec l'ensemble des organes situés à l'intérieur du corps et nous renseigne tout autant sur notre état intérieur. Le système nerveux innerve les moindres parties du corps, envoyant ses ordres, non seulement vers les muscles, mais aussi vers l'ensemble des organes. Il communique aussi avec le corps par des échanges de messages chimiques, au moyen desquels il agit sur des processus comme la croissance ou les mécanismes de la reproduction. On a comparé cette pénétration du corps par le cerveau et le système nerveux à celle des moindres parcelles des tissus de l'organisme par les vaisseaux capillaires qui leur amènent le sang. De la même façon que le cerveau reçoit des informations venues du corps et lui renvoie ses ordres, le cœur reçoit des tissus le sang chargé en CO_2 et leur renvoie du sang oxygéné. On a d'ailleurs longtemps cru que l'influx nerveux était un fluide propulsé vers les organes par la systole du cerveau de la même manière que le sang est propulsé dans les vaisseaux par la systole du cœur.

Le système nerveux autonome

Le cerveau pénètre les organes du corps par un système particulier, le système nerveux autonome. Ce système, qui comporte en réalité deux composantes aux effets opposés, comme nous le verrons plus loin, contrôle essentiellement l'activité d'une forme particulière de musculature, composée de muscles « lisses », par comparaison aux muscles du squelette, qui sont des muscles « striés ». Les muscles lisses sont des constituants essentiels de notre vie végétative. Ce sont eux qui assurent les battements du cœur et le tonus des vaisseaux, les contractions des bronches, de l'appareil digestif, des canaux biliaires, de la vessie, de l'utérus. Le système nerveux autonome contrôle également les sécrétions glandulaires de la salive, des sucs digestifs, des larmes. Ce système est appelé « autonome » parce qu'il fonctionne de lui-même, sans intervention de notre volonté. À la différence du système nerveux dit « somatique » qui innerve les muscles striés et qui est sous notre contrôle (nous pouvons modifier volontairement l'état de contraction de pratiquement tous les muscles de notre squelette), le système autonome intervient de façon automatique.

Les neurones d'où sont issus les nerfs du système autonome sont situés dans plusieurs parties du système nerveux central. Une de ses deux composantes, le système orthosympathique, possède ses neurones d'origine dans le tronc cérébral et dans la moelle du cou et de la partie haute du thorax. De là, ces neurones centraux se connectent aux neurones périphériques qui forment des ganglions nerveux situés soit le long de la colonne vertébrale, soit dans les cavités abdominale et pelvienne (Figure 3-4). Les

FIGURE 3-4
Distribution de l'innervation orthosympathique dans l'ensemble de l'organisme. La partie gauche de la figure représente l'axe nerveux avec les neurones d'origine du système orthosympathique dans la moelle épinière. Après avoir fait relais dans les ganglions paravertébraux, ces neurones aboutissent au niveau des muscles lisses des parois des vaisseaux, de l'œil, du cœur et des bronches. D'autres fibres gagnent directement des ganglions viscéraux (ganglions coeliaque, pelvien et glande médullo-surrénale) et, de là, gagnent les viscères abdominaux et pelviens.

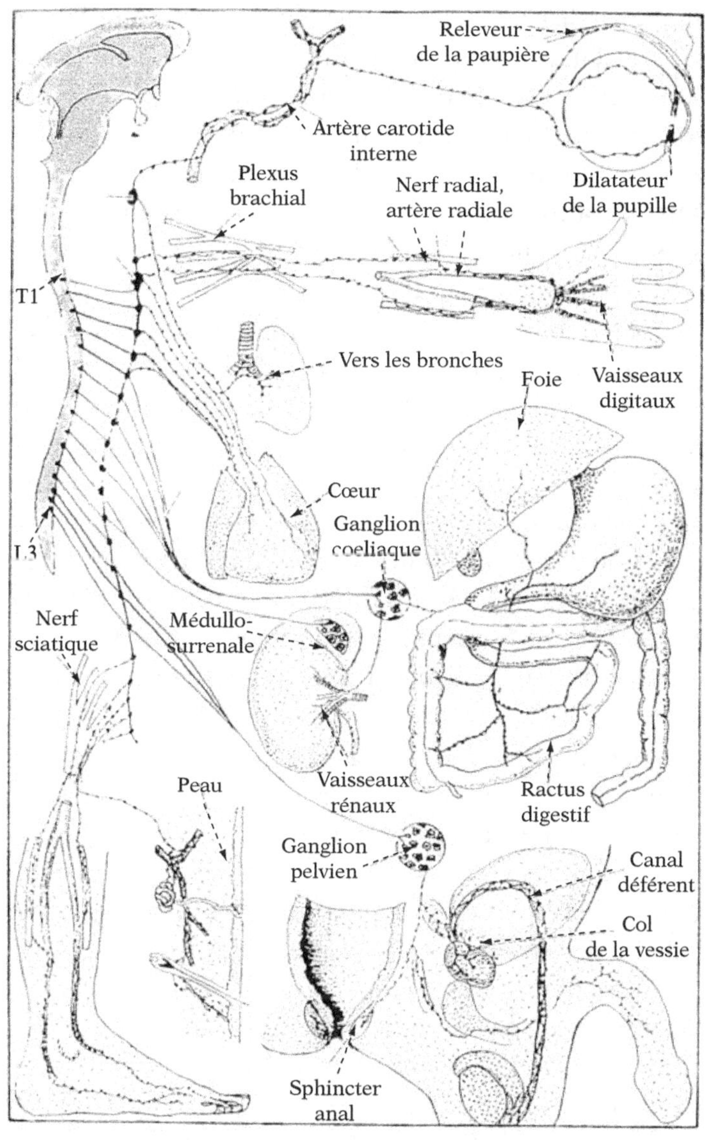

D'après M. J. T. Fitzgerald, Neuroanatomy, basic and applied, *London, Baillère Tindall, 1985.*

ganglions situés le long de la colonne innervent le cœur et la musculature des vaisseaux sanguins ; les ganglions abdominaux et pelviens innervent les autres viscères, y compris une glande importante, la glande médullo-surrénale, dont nous reparlerons au paragraphe suivant. L'autre composante, le système parasympathique, est issue de neurones situés dans le tronc cérébral ou dans l'extrémité caudale de la moelle épinière. Les neurones situés dans le tronc cérébral constituent surtout l'origine du nerf pneumogastrique, par lequel le système parasympathique, lui aussi, innerve le cœur et les autres viscères du thorax et de l'abdomen. Les viscères du pelvis (vessie, rectum, organes sexuels) sont innervés par des nerfs provenant de neurones situés dans la partie terminale de la moelle. Dans le système parasympathique, les ganglions qui font l'interface entre les neurones centraux (le nerf pneumogastrique ou les nerfs d'origine spinale) sont situés à proximité immédiate des organes cibles.

Chacune des deux composantes du système autonome se différencie par le neuromédiateur chimique que sécrètent les neurones des ganglions : c'est ce médiateur qui agit sur les fibres musculaires lisses ou les cellules glandulaires. Le système orthosympathique agit par l'intermédiaire de l'adrénaline. Celle-ci est sécrétée à la fois localement au niveau des terminaisons nerveuses au contact des organes et par la glande médullo-surrénale qui agit comme une volumineuse terminaison nerveuse : son médiateur, l'adrénaline, se déverse directement dans la circulation sanguine. Les récepteurs sensibles à l'adrénaline (alpha ou bêta selon les organes sur lesquels ils sont localisés) peuvent être bloqués par des substances spécifiques, ce qui permet de réduire l'influence du système sympathique sur le système cardio-vasculaire (il en est ainsi des médicaments « bêta-bloquants » utilisés pour réguler le rythme cardiaque). Le système parasympathique, quant à lui, agit par la sécrétion d'acétylcholine qui excite des récepteurs muscariniques. Cette action peut être bloquée par un poison, l'atropine, extrait de la belladone et utilisé à faible dose pour diminuer les sécrétions bronchiques ou calmer les contractions de l'intestin.

La mise en jeu du système nerveux autonome est très différente du celle du système nerveux somatique. Alors que ce dernier conserve toujours dans son action une organisation topographique et aboutit à la réalisation de buts précis (la contraction d'un petit groupe de muscles pour exécuter un mouvement, par exemple), le système autonome fonctionne le plus souvent en masse. Il travaille, pourrait-on dire, non dans un espace topographique mais dans un espace systémique, spécifié par un type de récepteurs largement distribués sur l'ensemble des organes. C'est en fait la reconnaissance, par les récepteurs situés sur les organes cibles, du médiateur (adrénaline ou acétylcholine) sécrété à un moment donné par le système qui détermine son action. Le résultat en est que la réponse provoquée par l'action du système nerveux autonome est globale, massive, peu différenciée. Cette action en masse et non pas locale du système autonome est déterminée par la situation dans laquelle se trouve l'organisme. Une situation de repos et de calme, au cours de la digestion par exemple, ou encore au moment de la recherche du sommeil et de l'endormissement, correspond à une activation prédominante de la composante parasympathique du système autonome : la pupille se ferme, le cœur se ralentit, le tonus des vaisseaux tend à se relâcher, les sphincters se ferment. On peut même endormir un chat en stimulant son nerf pneumogastrique ! Seul l'appareil digestif est en pleine activité pour réaliser la digestion et l'assimilation des aliments. L'activation de la composante orthosympathique correspond au contraire aux périodes de dépense énergétique, d'effort, de réaction au danger : la pupille se dilate, le cœur accélère son rythme, les vaisseaux se contractent, les bronches se dilatent (pour favoriser la respiration), les sphincters s'ouvrent.

Le cerveau viscéral

Le système autonome dans son ensemble est supervisé par des régions cérébrales qui constituent ce qu'on appelle le « cerveau viscéral ». Cette dénomination reflète une opposition ancienne entre, d'une part, le cerveau que nous avons qualifié de « somatique », responsable de la vie de relation, connecté aux organes des sens et contrôlant l'activité des muscles du squelette, et le cerveau de la vie végétative, connecté à l'intérieur de l'organisme et assurant le contrôle des fonctions viscérales. Cette division, toutefois, n'est pas entièrement valide. De fait, le contrôle des muscles du squelette participe à des fonctions qui n'ont pas de rapport avec la vie de relation, comme le tonus musculaire, le maintien de l'équilibre ou même le maintien de la température du corps (le frisson) ; à l'inverse, le contrôle de l'ensemble des organes participe à l'expression des émotions qui font évidemment partie de notre vie de relation.

Le cerveau viscéral est constitué d'un ensemble de structures cérébrales situées dans la région médiane du cerveau et qu'on appelle également le « système limbique ». Ce système comprend d'abord des régions du cortex cérébral dont les principales sont l'hippocampe, l'insula et la circonvolution cingulaire. Il s'agit d'un cortex cérébral dit de « transition » entre le cortex des mammifères les plus primitifs et le cortex moderne à six couches que nous avons déjà décrit. Nous reparlerons du cortex limbique à propos des émotions et de la mémoire dans d'autres chapitres. Le système limbique comprend aussi des régions qui n'appartiennent pas au cortex et que l'on qualifie pour cette raison de « sous-corticales ». Ce sont principalement des amas cellulaires ou noyaux (le septum, l'amygdale, les corps mamillaires) et des faisceaux de fibres, dont le fornix, qui relient les noyaux entre eux et au cortex limbique (Figure 3-5). De plus, l'ensemble de ce système est relié à l'hypothalamus, un ensemble de noyaux situés autour du troisième ventricule du cerveau. Pour ce qui est du contrôle du système végétatif, qui nous intéresse ici, les noyaux les plus importants sont ceux de l'amygdale et de l'hypothalamus. L'amygdale est en effet connectée par un long faisceau de fibres, le faisceau médian du télencéphale, avec tous les noyaux d'origine du système autonome. La stimulation électrique de l'amygdale produit un ensemble de réactions qui ressemblent à celles qui surviennent en réponse à une agression : dilatation de la pupille, accélération des rythmes cardiaque et respiratoire. L'hypothalamus est également connecté aux

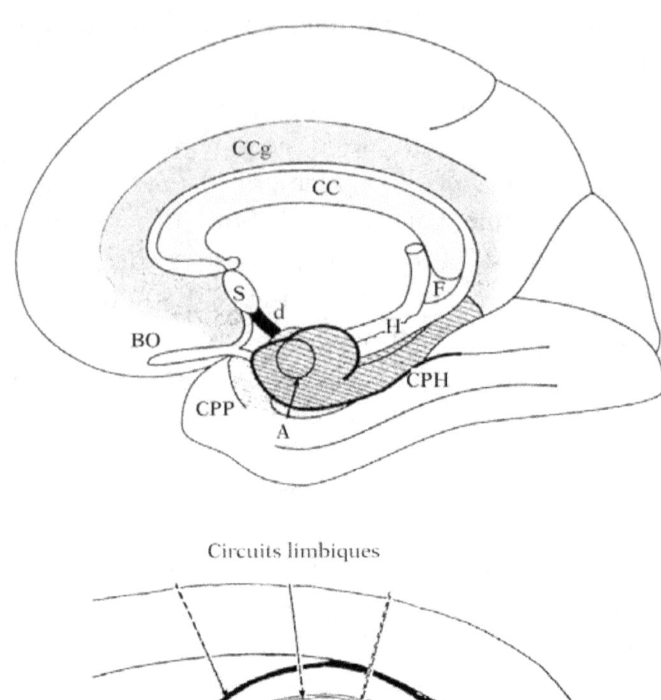

Circuits limbiques

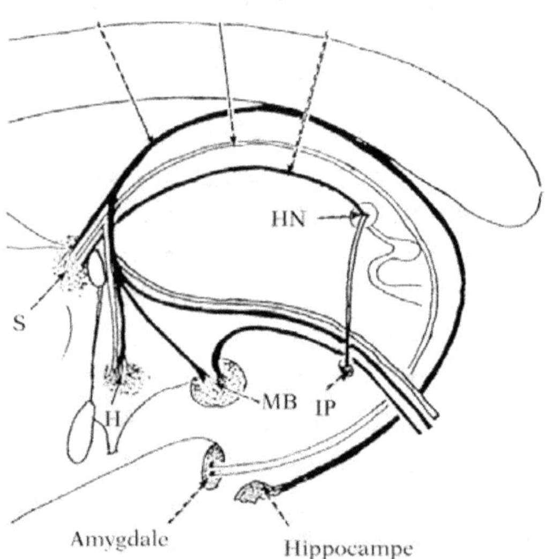

FIGURE 3-5

Le cerveau limbique. En haut, la figure représente la face interne d'un hémisphère droit du cerveau humain montrant la mise en place des différentes structures limbiques. Les principaux repères sont : A, amygdale, noyaux d'origine du système autonome. La stimulation électrique de sa partie antérieure reproduit tous les signes d'une activation du système parasympathique : ralentissement cardiaque, constriction de la pupille, déclenchement du péristaltisme de l'intestin. La stimulation de l'hypothalamus postérieur, au contraire, provoque les signes d'une activation du système orthosympathique. On peut déduire de ces données que les différentes parties de l'hypothalamus contrôlent des fonctions intégrées, que l'on peut qualifier de fonctions « vitales » et qui font intervenir l'une ou l'autre composante du système végétatif : citons ici le déclenchement du sommeil, la régulation de la tension artérielle, le contrôle de la température du corps, la prise de nourriture et de boisson.

Notre cerveau viscéral règle nos états internes à notre insu. Nos organes fonctionnent silencieusement et, si le cerveau est en permanence informé de leur état de fonctionnement, nous sommes le plus souvent tenus à l'écart de ce qui se passe. Certaines informations nous parviennent cependant sur notre état interne. Les sensations de faim ou au contraire de satiété, qui

---

H, hippocampe, S, septum, F, fornix, CC, corps calleux, CCg, cortex cingulaire, BO, bulbe olfactif. CCP, CPH, sont des régions du cortex cérébral. D'après N. Boisacq-Schepens et M. Crommelinck, Neuropsycho-physiologie, volume 2 : Comportement, *Paris, Masson, 1996. En bas, sont figurées les principales connexions à l'intérieur de ce système. Noter la connexion entre l'amygdale et le septum (S) et l'hypothalamus, (H). L'hippocampe est également fortement connecté avec les corps mamillaires (MB).*
D'après M. J. T. Fitzgerald, Neuroanatomy, basic and applied, *London, Baillère Tindall, 1985.*

règlent notre prise d'aliments, sont régulées par un mécanisme situé dans une autre partie de l'hypothalamus, l'hypothalamus latéral. L'augmentation du taux de glucose du sang, après un repas, active les neurones d'un centre de satiété, lequel inhibe une autre région dont le rôle est d'inciter à la prise de nourriture. Cet effet est renforcé par l'action sur les cellules hypothalamiques d'un peptide sécrété par l'estomac. Des lésions du centre de satiété, pratiquées chez le rat, entraînent une exagération de la prise alimentaire qui conduit rapidement ces malheureux animaux à l'obésité. De même, la soif et la prise de boisson sont réglées par des neurones de l'hypothalamus sensibles à la concentration du sang en ions et à son volume dans les veines du corps. Une baisse brutale du volume sanguin, due à une hémorragie par exemple, entraîne une sensation de soif intense ainsi qu'une activation du système sympathique qui contracte les vaisseaux. Une régulation hormonale intervient également pour déclencher la prise de boisson, comme nous le verrons plus loin.

Le cerveau hormonal

Le cerveau dispose encore d'autres moyens d'intervention sur la vie des organes. En plus de l'influence nerveuse directe qui s'exerce par le système autonome, il utilise la voie dite « humorale », celle qui permet d'atteindre un organe au moyen d'un messager véhiculé par la circulation sanguine. Une partie du cerveau, proche, précisément, du cerveau viscéral que nous venons de décrire, fonctionne comme une glande endocrine qui sécrète de nombreuses hormones. Sa description fait ressortir, une fois de plus, le rôle central de l'hypothalamus (Figure 3-6). Dans le cas qui nous intéresse ici, la fonction de l'hypothalamus s'exerce par l'intermédiaire d'une glande hybride, l'hypophyse. La partie postérieure de l'hypophyse, dite « neurohypophyse » est connectée à de gros neurones des noyaux de l'hypothalamus. Ce sont en fait des cellules endocrines qui fabriquent des hormones. Sous la forme de petits granules, celles-ci migrent le long de l'axone jusqu'à la neurohypophyse et, de là, passent directement dans le sang. Les terminales de ces gros neurones sont en effet directement abouchées à de petits pertuis percés dans la membrane des capillaires sanguins. Une de ces hormones est la vasopressine, dite « antidiurétique » parce qu'elle agit sur le rein pour s'opposer à la sortie de l'eau. Une autre hormone sécrétée par la neurohypophyse est l'ocytocine qui participe à la fonction de l'allaitement.

La partie antérieure de l'hypophyse ou « adéno-hypophyse » est contrôlée par des neurones de l'hypothalamus plus petits que ceux qui contrôlent la neurohypophyse. Ce sont aussi des cellules endocrines. Les hormones qu'ils sécrètent sont déversées dans les capillaires sanguins de l'adénohypophyse. Ces hormones sont, pour la plupart, des « facteurs de libération » dont l'action s'exerce sur des glandes endocrines situées dans diverses parties du corps et qui, une fois stimulées par le facteur de libération, sécrètent leur propre hormone. Il s'agit de l'hormone thyréotrope qui stimule la glande thyroïde, des hormones lutéotrope et folliculo-stimulante, facteurs de libération pour les hormones sexuelles (testostérone,

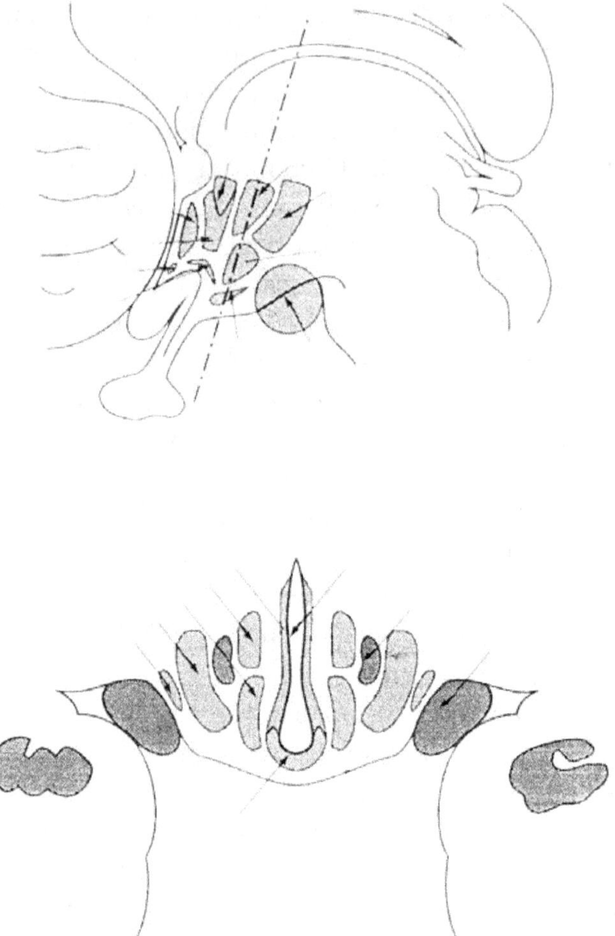

Figure 3-6
Le cerveau hormonal. Sur une coupe sagittale (en haut) et sur une coupe frontale (en bas) sont représentés les noyaux de l'hypothalamus. On peut distinguer ceux de l'hypothalamus médian (noyaux PV, DM et VM) et ceux de l'hypothalamus latéral (HL, SO). Noter également les corps mamillaires (CM).
D'après N. Boisacq-Schepens et M. Crommelinck, Neuro-psychophysiologie, volume 2 : Comportement, *Paris, Masson, 1996.*

progestérone et folliculine), des facteurs de libération ou de freinage de l'hormone somatotrope (hormone de croissance), de l'hormone corticotrope ou ACTH, facteur de libération des hormones sécrétées par la glande cortico-surrénale, enfin de la prolactine qui stimule la production du lait par le sein[1].

Les hormones libérées sous l'influence des facteurs de libération de l'hypophyse, en plus de leurs effets périphériques sur leurs organes cibles, exercent une action en retour sur des récepteurs métabotropiques situés sur les neurones de l'hypothalamus. Cette succession de signaux hormonaux aboutit ainsi à une stabilisation du taux d'hormones dans le sang en fonction des besoins. Si le taux devient trop élevé, l'action en retour stoppe l'activité des neurones de l'hypothalamus. Les messagers hormonaux, une fois leur action exercée sur les récepteurs, sont détruits pour laisser place à d'autres régulations[2].

Le cerveau hormonal fonctionne ainsi comme un régulateur de nombreuses fonctions de l'organisme. La croissance des tissus au cours du développement et son arrêt sont sous la dépendance de l'hormone somatotrope sécrétée par les cellules endocriniennes de l'adénohypophyse ; les facteurs de libération des hormones sexuelles déclenchent la puberté ; l'ovulation au milieu du cycle menstruel est due à la sécrétion du facteur de libération de la progestérone, l'hormone lutéotrope ; l'éveil sexuel et le désir sont largement déterminés par les hormones sexuelles mais voient

---

1. Jean-Didier Vincent, *Biologie des passions*, Paris, Odile Jacob, 1986.
2. Claude Kordon, *Le Langage des cellules*, Paris, Hachette, 1991.

intervenir également un facteur hypothalamique, la lulibérine.

La mise en jeu du cerveau hormonal obéit aussi à des ordres venus de la périphérie et qui déclenchent des réflexes « neuroendocriniens », dont le point de départ est une excitation sensorielle. Prenons comme exemple la lactation chez la femme. La succion du mamelon du sein par le nouveau-né excite des récepteurs sensoriels de la peau qui activent des neurones de l'hypothalamus. Obéissant aux ordres de l'hypothalamus, l'hypophyse se met à sécréter de la prolactine qui stimule la production de lait par le sein et de l'ocytocine dont le rôle est de contracter les canaux évacuateurs du lait qui devient ainsi disponible pour l'enfant.

Le stress

Les réponses du système nerveux autonome et les réflexes neuroendocriniens mettant en jeu le cerveau viscéral et le cerveau hormonal se combinent pour la réalisation de la réponse de l'organisme à des situations d'urgence. C'est le cas de la réaction de stress qui se déclenche en réponse à une situation de danger (Figure 3-7). Sous l'influence du cerveau viscéral, le système orthosympathique est le premier à se mettre en alerte, ce qui provoque une abondante libération d'adrénaline. À côté des manifestations végétatives immédiates (augmentation du rythme cardiaque, augmentation de la tension artérielle) s'installe un état marqué par la

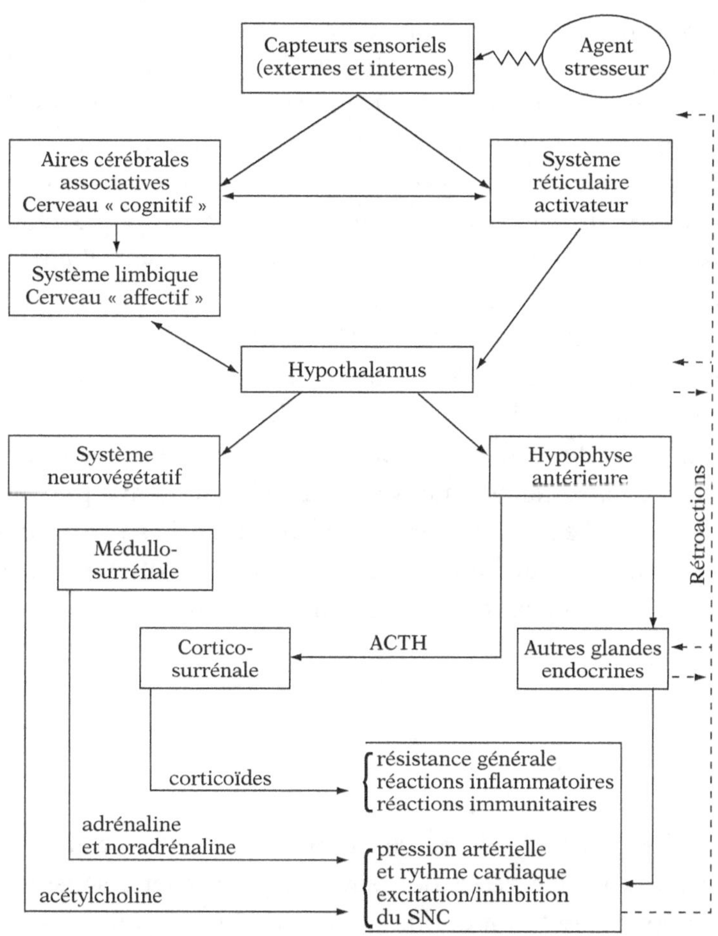

FIGURE 3-7
Séquence des événements constitutifs du stress.
D'après J. Cosnier, Psychologie des émotions et des sentiments, *Paris, Retz, Nathan, 1994.*

sécrétion d'hormones hypophysaires dont l'hormone corticotrope (ACTH) qui stimule la glande cortico-surrénale. La sécrétion d'hormones fabriquées par cette glande (les glucocorticoïdes) a pour effet de faciliter le métabolisme énergétique (libération de glucose). Enfin, des endorphines sont sécrétées et agissent à différents niveaux du système nerveux (nous verrons au chapitre suivant un exemple de cette action). La réaction de stress est normalement suivie à brève échéance d'un retour à l'équilibre, souvent marqué par une phase de fatigue et d'épuisement. On peut imaginer toutefois que cette recherche de l'équilibre tourne à l'échec. On assiste alors à la prolongation de l'état de stress, au maintien de l'état d'urgence, en quelque sorte, avec pour conséquence une série de dérèglements physiologiques : l'excès de noradrénaline retentit sur le fonctionnement cardiaque, la sécrétion prolongée des glucocorticoïdes modifie le fonctionnement de l'hippocampe...

La douleur

Il nous reste, dans ce chapitre sur le cerveau et le corps, à parler de la douleur, un phénomène sensoriel qui concerne le fonctionnement de toutes les parties du corps, qu'il s'agisse de sa surface ou des organes qui le composent, et qui joue un rôle biologique important. Elle joue en effet le rôle d'avertisseur signalant un danger ou un dysfonctionnement dans une région déterminée du corps. À ce titre, elle est génératrice d'un cortège de réactions qui constituent la réponse de l'organisme à ce danger et qui visent, dans leur ensemble, à le faire cesser. De fait, la cause d'une douleur est la plupart du temps une agression qui, quelle que soit sa nature, provoque une destruction tissulaire. Prenons comme exemple l'application d'un objet chaud sur la peau. On s'aperçoit que cette application commence à provoquer une sensation douloureuse lorsque la température locale s'élève au-dessus de 40° C : c'est à partir de ce seuil que la chaleur devient brûlure et qu'elle entraîne une rougeur et une tuméfaction de la peau, témoins de la lésion des tissus cutanés.

La destruction du tissu agressé provoque de profondes modifications du milieu extra-cellulaire local : l'éclatement des membranes des cellules libère des ions et des corps chimiques étrangers (des peptides) ; les vaisseaux capillaires au voisinage de la lésion se dilatent, la circulation veineuse se ralentit, une acidification (acidose) du milieu se produit. Ces modifications chimiques stimulent directement des récepteurs sensoriels primitifs, les nocicepteurs, petites arborescences nerveuses que l'on rencontre dans pratiquement tous les tissus de l'organisme. Les nocicepteurs sont connectés à la moelle épinière par un type de fibres particulier, les fibres C, les plus fines du système nerveux périphérique. Dans la moelle, les fibres C se connectent à des neurones dont les axones se groupent en faisceau (le faisceau spino-thalamique) qui monte jusqu'au cerveau et se distribue finalement dans plusieurs régions.

Dans chacune de ces régions s'élaborent les réactions à la douleur dont nous avons parlé plus haut : réactions motrices de fuite élaborées dans la formation réticulée, réactions végétatives et hormonales dans le cerveau viscéral, réactions émotionnelles et affectives dont nous reparlerons au chapitre suivant. Dans le cortex cérébral s'élabore une sensation qui nous renseigne sur la nature du stimulus douloureux et sur sa localisation précise. Enfin, dans la moelle elle-même s'élaborent des réponses d'urgence, dont la réaction involontaire de retrait qui vise à éloigner la main ou toute autre partie du corps de la cause du mal.

Le relais situé dans la moelle, où la fibre C se connecte aux neurones du faisceau spino-thalamique, joue un rôle particulier dans la physiologie de la douleur : le franchissement de cette synapse entraîne en effet, de manière inévitable, le cortège de comportements et de réactions qui sont associés à la douleur. C'est dire l'importance stratégique du contrôle de ce relais. De petits neurones locaux (des interneurones), informés d'un risque de franchissement, sécrètent des endorphines qui bloquent le passage tant que les influx provenant des fibres C restent en dessous d'un certain seuil. Des groupes de neurones plus haut situés dans le tronc cérébral exercent également une surveillance grâce à leur médiateur, la sérotonine. Enfin, le médecin dispose de moyens d'intervention à plusieurs niveaux. Il peut agir sur le médiateur sécrété par les fibres C et qui excite les cellules d'origine du faisceau spino-thalamique (un peptide, la substance P) et bloquer son action par des médicaments. Il peut même être amené, dans des cas extrêmes, à pratiquer une section chirurgicale de ces fibres. Il peut utiliser des médicaments morphiniques qui renforcent l'action des interneurones sécréteurs d'endorphines situés dans la moelle. Enfin, au niveau de la cause même de la douleur, le médecin peut utiliser des médicaments anti-inflammatoires (dont l'aspirine) qui réduisent les effets locaux de la destruction tissulaire.

Chapitre IV

LE CERVEAU ET LES ÉMOTIONS

Le cerveau intervient dans la régulation d'une part essentielle de notre vie intime, notre vie émotionnelle et affective. C'est à ce niveau que s'organisent nos réactions aux événements du monde extérieur, notre relation avec les autres, ainsi que, pour une bonne part, notre vie intellectuelle. Au chapitre précédent, nous avons envisagé quelques-uns des mécanismes de base qui conditionnent les interactions du cerveau et du reste du corps. Ici, nous poursuivrons cette investigation en insistant sur les mécanismes cérébraux qui participent à la perception et à l'expression des émotions, à l'élaboration de nos affects et de nos sentiments, à notre recherche du plaisir.

La production et l'expression des émotions

Les émotions sont des réponses organisées, faisant intervenir le cerveau et l'ensemble du corps, à des situations auxquelles l'organisme doit faire face rapidement. Ces réponses ne sont pas proprement humaines, elles appartiennent aussi à d'autres espèces. Les animaux ont connu les émotions avant nous, en tout état de cause bien avant de connaître la conscience et le langage. Elles n'ont pas à être apprises : elles s'expriment d'une façon semblable d'une espèce à l'autre, chez le jeune comme chez l'adulte.

Il existe plusieurs façons d'identifier et de classer les émotions. On distingue habituellement, d'une part, les émotions « primaires » (parmi lesquelles on range la surprise, le bonheur, l'angoisse, la peur, la colère, la tristesse, le dégoût), dont l'organisation reposerait sur des mécanismes innés et qui seraient communes à de nombreuses espèces, et, d'autre part, les émotions « secondaires » constituées par la combinaison d'éléments des émotions primaires, qui seraient propres à l'être humain comme la fierté, la honte ou la gratitude. À cette hypothèse d'émotions primaires innées s'oppose une autre vision moins rigide : il n'existerait pas d'émotions préorganisées mais seulement des composants biologiquement déterminés (les pleurs, le frisson, la mimique, le rire, etc.), qui seraient assemblés entre eux en fonction des circonstances et des habitudes culturelles. Cette hypothèse rendrait compte des contraintes sociales qui, chez l'être humain, pèsent sur l'expression des émotions. C'est l'évaluation cognitive de la situation qui constituerait l'émotion par assemblage de ces composants.

Sans vouloir trancher entre ces deux hypothèses, on doit cependant admettre que les émotions s'expriment de façon caractéristique et qu'elles sont reconnaissables chez des individus appartenant à des cultures différentes (Figure 4-1). La modalité la plus visible d'une émotion est l'expression faciale. Il n'est donc pas surprenant que des systèmes de notation utilisant des « unités d'action faciale » aient été proposés pour décrire les émotions. C'est la combinaison des actions des différents muscles de la face (il en existe 44 chez l'homme) qui permet de décrire l'expression de chaque émotion. Ces systèmes de notation peuvent être complétés par l'introduction d'autres composants des émotions, les réactions végétatives : telle émotion se caractérise par une accélération du rythme du cœur accompagnée d'une pâleur de la peau (la peur ou la tristesse), telle autre au contraire par une rougeur de la peau (la colère), etc. Les émotions sont reconnaissables par le physiologiste à partir des réactions neurovégétatives et hormonales : dans les réactions de

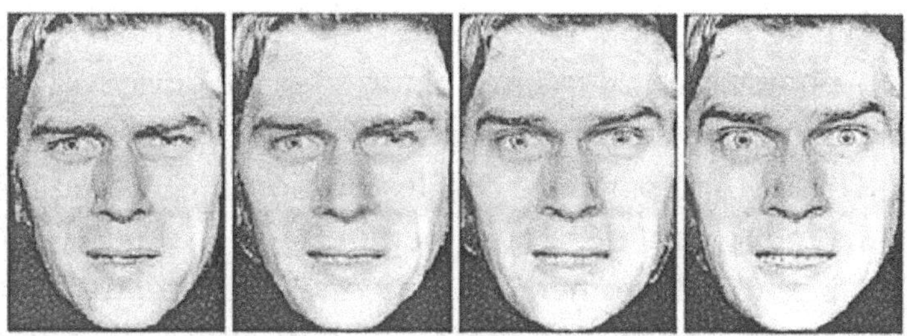

FIGURE 4-1
Différents degrés d'intensité de l'expression d'une émotion. De la tristesse à la peur. Un programme informatique modifie progressivement l'image du visage en mélangeant des traits caractéristiques de la tristesse (à gauche) et de la colère (à droite). (D'après S. Campanella et al., Biol. Psychol, 2002)

« rage » (mélange de peur et de colère) provoquées chez un chat à la vue d'un chien, l'état neurovégétatif s'explique par la libération d'adrénaline, à la fois par les terminaisons du système sympathique et par la glande médullosurrénale. Nous revenons sur ce point dans la suite de ce chapitre[1].

Les émotions représentent une des modalités d'intégration des régulations végétatives dans le comportement. Ce sont en effet des entités à la fois physiologiques, comportementales et (comme nous le verrons plus loin) cognitives, qui font intervenir, à partir d'un stimulus ou d'un événement, le cerveau viscéral dans son ensemble. Le déclenchement d'une émotion est automatique, sa durée courte, son déroulement fixe. Cette organisation stéréotypée est d'ailleurs garante de son efficacité pour l'adaptation de l'organisme aux événements extérieurs. C'est ce qui rend les émotions universelles, exprimées et interprétées de la même manière par tous les individus, l'adulte comme l'enfant et, toutes proportions gardées, l'animal comme l'homme. La mimique faciale, relativement pauvre dans la plupart des espèces, s'enrichit chez les primates lorsque la musculature faciale devient suffisamment développée (Figure 4-2).

On le voit à partir de ces descriptions, l'émotion, au moins pour son déclenchement et son déroulement, n'est pas un phénomène conscient. Cette organisation automatique permet une intervention rapide, univoque (sans possibilité d'hésitation) du système viscéral. Sa mise en jeu est ainsi à l'abri des erreurs possibles

---

1. Jacques Cosnier, *Psychologie des émotions et des sentiments*, Paris, Retz Nathan, 1994.

Figure 4-2
Les émotions chez le chat. Contentement, peur et agression (en bas) sont représentés par des postures, des réactions végétatives (pilo-érection dans la peur et l'agression) et des expressions faciales clairement distinctes.
D'après Ch. Darwin, *L'Expression des émotions chez l'homme et les animaux, Paris, Éditions du CTHS, 1998. Édition originale 1872.*

d'interprétation du système conscient et des illusions qui pourraient se produire dans un mécanisme perceptif. L'objectif est de répondre à des situations d'urgence en appliquant des programmes sélectionnés pour les besoins de l'adaptation au milieu, alors même que le système conscient serait dépassé par le caractère soudain, massif ou inhabituel du stimulus. La conséquence de cette autonomie du système émotionnel est que le cerveau opère et décide à l'insu du sujet, sans que celui-ci puisse intervenir sur ses opérations. Il existe évidemment des voies de retour qui assurent une régulation rétroactive : le cerveau conscient est alors informé des modifications de l'état corporel (mimique, vocalisation, état viscéral) provoquées par le système émotionnel. L'état affectif, le sentiment conscient que nous nous faisons de la situation, suit la réponse émotionnelle immédiate et automatique à cette même situation. On dit parfois, pour rendre compte de cette prise de conscience secondaire et tardive, « je suis triste parce que je pleure », et non l'inverse.

La voie consciente ne peut donc suffire à déclencher le fonctionnement du cerveau émotionnel pour la simple raison que l'évaluation consciente d'une situation émotionnelle est elle-même fondée sur une lecture par le cerveau de l'état corporel qu'elle a déclenché. Cette évaluation consciente repose sur des mécanismes particuliers. La preuve en est que la réponse émotionnelle et la réponse cognitive à une même situation peuvent être dissociées. Certaines lésions cérébrales, dont nous reparlerons plus loin, peuvent abolir la capacité de percevoir le caractère émotionnel d'un stimulus alors que la capacité d'évaluer ses autres propriétés (perceptives) est conservée. De même, la signification émotionnelle d'un stimulus peut être évaluée par le cerveau avant que le système perceptif ait eu le temps de traiter l'information complète sur la nature de ce même stimulus. Il existe de nombreux travaux sur ce caractère inconscient des émotions, qui démontrent que le traitement de matériel émotionnel, tout en influençant le comportement, peut rester ignoré du sujet. C'est ainsi que la lecture de mots à charge émotionnelle forte prend plus de temps que la lecture de mots ordinaires ; ou encore, que parmi des images émotionnellement neutres (des idéogrammes chinois) celle qui aura été précédée de la présentation subliminale (non perçue par le sujet) d'un visage souriant, sera préférée aux autres. L'inverse se produit si le visage présenté était triste. Ces faits traduisent l'activation automatique d'un processus de traitement des stimuli émotionnels. À une certaine époque, ces processus ont été mis à profit pour provoquer des réactions positives ou négatives à des fins publicitaires, par exemple, par l'émission de messages émotionnels.

Anatomie des émotions

Les zones cérébrales en relation avec les différentes composantes de l'émotion ont été localisées à l'intérieur du système limbique. On admet aujourd'hui que les émotions sont contrôlées par un circuit nerveux qui amplifie et entretient les réactions émotionnelles. Ce circuit qui est détaillé dans la figure 3-5 du chapitre précédent fait intervenir l'hypothalamus d'où partent les réactions viscérales, l'amygdale qui contrôle l'expression comportementale, le cortex cingulaire où s'élabore la conscience de l'émotion et l'hippocampe qui intervient dans la mémorisation des émotions. Ce circuit est commun à l'ensemble des mammifères, ce qui explique bien pourquoi les émotions s'expriment de façon stéréotypée chez de nombreuses espèces[1].

Une part importante des connaissances sur le contrôle cérébral des émotions a été acquise grâce à la stimulation électrique du cerveau. Les stimulations de l'hypothalamus chez le chat ont clairement mis en évidence l'existence de zones distinctes où elles provoquent soit des réactions de peur ou de rage (qui correspondent à la zone antérieure dont nous avons parlé au chapitre précédent), soit des réactions de contentement, comme le ronronnement (la zone postérieure). Chez le sujet humain, les crises épileptiques qui ont leur point de départ dans l'une des composantes du système limbique, et qui représentent une sorte de stimulation du cerveau par lui-même, sont très souvent précédées de manifestations émotives, comme des impressions d'angoisse ou de peur. Les stimulations électriques pratiquées au cours d'interventions chirurgicales produisent souvent l'expression d'émotions. On peut citer à titre d'exemple le cas d'une malade chez qui la stimulation électrique du cortex cingulaire antérieur (une région médiane et ventrale du cortex frontal appartenant aux circuits limbiques) provoquait une sensation agréable et des éclats de rire. La malade demeurait incapable d'expliquer les raisons de ce comportement et ne pouvait trouver que des justifications *ad hoc* : « Vous êtes trop drôle ! », disait-elle au médecin. On peut rapprocher cette observation des résultats

---

1. Robert Dantzer, *Les Émotions*. Paris, Presses Universitaires de France, collection « Que sais-je ? », 1re éd., 1988.

d'une étude en neuro-imagerie chez des sujets normaux. L'activité cérébrale était enregistrée au cours de séances où les sujets écoutaient des histoires humoristiques : une forte activation était observée dans une zone située elle aussi dans la région du cortex cingulaire antérieur.

Les lésions cérébrales provoquent également des modifications du comportement émotionnel. Les lésions du cortex temporal et des zones adjacentes (l'amygdale) provoquent la disparition du comportement lié à la peur et du comportement agressif : le singe qui a subi cette lésion ne reconnaît plus les stimulations qui déclenchent habituellement chez lui des réactions de peur, comme la vue d'un serpent. Les lésions du cortex frontal diminuent l'expression des émotions, ainsi que l'expérience affective qui les accompagne. Cet effet sera décrit dans un chapitre ultérieur.

Ces données mettent en évidence le rôle central d'une structure du système limbique, l'amygdale. Lorsqu'on décrit le circuit nerveux de la peur, le mieux étudié de tous, on constate qu'il est constitué par un ensemble anatomique qui comprend l'amygdale et ses connexions avec le thalamus, les systèmes effecteurs qui contrôlent les réponses végétatives et musculaires, et enfin le cortex (Figure 4-3). Il s'agit donc avant tout d'un circuit sous-cortical même si, comme on le verra, le cortex cérébral joue un rôle important. Comme nous l'avons déjà observé, cette organisation anatomique du mécanisme de la peur correspond bien aux exigences fonctionnelles d'une émotion : en évitant le passage systématique par le cortex, elle permet de gagner un temps précieux dans l'élaboration de la réponse protectrice.

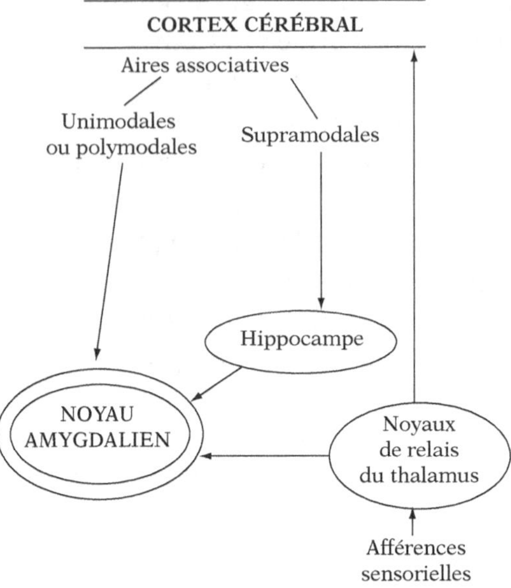

FIGURE 4-3
Le circuit nerveux des émotions proposé par Joseph LeDoux, auteur de The Emotional Brain. *Les signaux sensoriels, outre leur destination normale vers le thalamus et le cortex cérébral, gagnent la région de l'amygdale. C'est là que s'élabore la reconnaissance de la nature émotionnelle (par exemple, menaçante) du stimulus, ainsi que les réactions végétatives correspondantes. Parallèlement, le cortex cérébral élabore une reconnaissance plus tardive de ce même stimulus, ce qui produit les réactions affectives et cognitives qui accompagnent l'émotion.*
D'après X. Seron et M. Jeannerod, Neuropsychologie humaine, *Liège, Mardaga, 1994.*

La description de ce circuit anatomique a été réalisée non pas en étudiant la réponse de l'animal telle qu'elle peut être déclenchée par un stimulus naturel (pour un rat, la présence d'un chat), mais en utilisant un modèle de laboratoire, la « peur conditionnée » : un rat est placé sur une grille métallique ; une sonnerie précède de peu un choc électrique appliqué à la grille ; si par la suite la sonnerie est présentée seule (sans être suivie du choc), l'anxiété engendrée par la survenue possible du choc déclenche chez le rat un comportement caractéristique de peur (l'immobilisation ou *freezing*). Cet effet disparaît après destruction de l'amygdale. Chez l'être humain, on peut faire la même observation : une lésion pathologique de l'amygdale réduit l'expression de la peur. À l'inverse, les crises épileptiques* dont le point de départ se trouve dans l'amygdale s'accompagnent souvent d'un sentiment de peur.

L'amygdale est en relation étroite avec plusieurs autres structures nerveuses impliquées dans la mémoire, dont le cortex du lobe temporal et l'hippocampe, qui interviennent surtout dans la fixation des souvenirs explicites, ceux qui font l'objet d'un rappel conscient. L'amygdale interviendrait quant à elle dans la mémorisation des réponses implicites (inconscientes) de peur, comme la peur conditionnée. On peut ainsi imaginer des situations où l'amygdale « se souviendrait » d'avoir eu peur et où l'hippocampe « aurait oublié » le contexte dans lequel la peur aurait été éprouvée : le sujet présenterait des réactions végétatives de peur en réponse à un stimulus qui n'évoquerait par ailleurs aucun souvenir conscient. Ce genre de situations peut se présenter au cours du développement de l'enfant. Si, comme c'est sans doute le cas, le système implicite (l'amygdale) atteint sa maturité avant le système conscient (l'hippocampe), des émotions éprouvées à un très jeune âge peuvent avoir des effets durables sans laisser pour autant de traces conscientes.

La peur et l'anxiété sont des réponses normales à un danger, réel ou imaginé. Chez le sujet normal, l'anxiété a pour fonction d'anticiper les effets potentiellement négatifs d'une action, et ainsi de pouvoir les prévenir et les éviter. Les comportements qui réussissent à éliminer l'anxiété sont ensuite retenus et conservés. Reprenons l'exemple du rat conditionné à qui on apprend à éviter un choc électrique annoncé par une sonnerie. Il sera capable d'apprendre toutes sortes de règles nouvelles pour arrêter la sonnerie qui a une fois déclenché le choc, même si le risque d'en recevoir un nouveau n'existe plus. L'anxiété, surtout lorsqu'elle est entretenue par des situations comme celle du rat qui cherche à éviter le choc électrique, est à l'origine d'un état de stress, dont nous avons décrit les principales composantes au chapitre précédent. Le stress provoqué par l'anxiété, surtout lorsqu'il est répété et prolongé, retentit sur le fonctionnement du cerveau cognitif, en particulier sur la mémoire. On explique cet effet par une action de certaines hormones sécrétées pendant le stress (les hormones glucocorticoïdes) sur l'hippocampe, et donc sur la fixation des souvenirs explicites. Ces hormones diminuent les capacités de mémoire et peuvent même aboutir à un état d'amnésie permanente pour les événements qui se sont déroulés pendant cette période. Cependant, comme le fonctionnement de l'amygdale n'est pas affecté par le stress, ces événements vécus pourront néanmoins se fixer sous la forme inconsciente d'une peur conditionnée. Des réactions comme les phobies, les névroses de guerre, les attaques de panique pourraient ainsi trouver une explication dans cette dissociation entre amnésie pour les circonstances du traumatisme et persistance de la trace de peur conditionnée.

Le contrôle chimique des émotions

Le système anatomique responsable des émotions fonctionne, comme le reste du cerveau, par l'intermédiaire de corps chimiques, les neuromédiateurs, dont l'action s'exerce sur des récepteurs synaptiques. Dans le cas des émotions, la connaissance de ces neuromédiateurs revêt une importance particulière : c'est en agissant sur eux qu'on peut contrôler dans une certaine mesure le déclenchement et l'expression des émotions. On retrouve principalement dans le système limbique les trois neuromédiateurs du groupe des monoamines, dopamine, sérotonine et noradrénaline (Figure 4-4). La dopamine, synthétisée par des neurones situés dans la substance noire et qui se projettent sur les structures limbiques par l'intermédiaire du faisceau médian du télencéphale, intervient préférentiellement dans la série des émotions et des affects positifs. On en a fait l'« hormone du plaisir », définition que nous tenterons de mieux cerner par la suite. Les médicaments qui renforcent l'action de la dopamine (médicaments dopaminergiques) ont un rôle sédatif et calmant. La sérotonine intervient plus particulièrement comme inhibiteur du comportement. Enfin, la noradrénaline, synthétisée dans des groupes de neurones situés dans le tronc cérébral et qui parvient au niveau du système limbique par le faisceau médian du télencéphale, intervient au contraire en créant un état d'excitation du système limbique : elle favorise l'éveil, augmente l'attention et la réceptivité aux stimulations extérieures. On peut agir sur le système des émotions en manipulant l'action de ces neuromédiateurs, en favorisant ou en

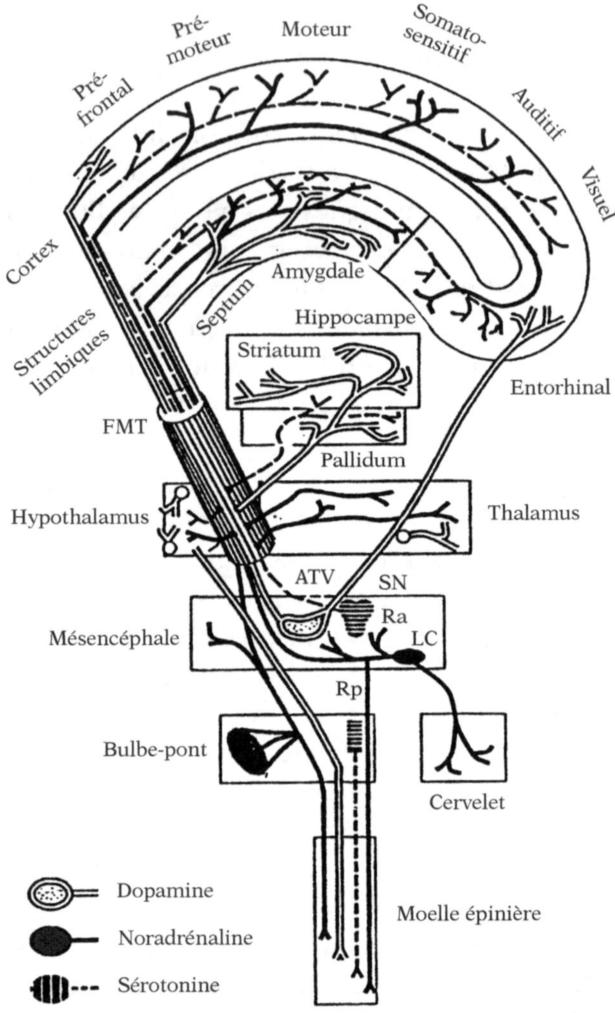

FIGURE 4-4

Origine des neurones sécrétant les monoamines cérébrales. La noradréna-line (zones noircies) est synthétisée dans les régions du bulbe et du mé-sencéphale, en particulier le noyau locus coeruleus (LC) ; la sérotonine (zones striées) est synthétisée dans les noyaux du raphé médian (Ra, Rp) ; la dopamine est synthétisée dans la substance noire (SN) du mésencé-phale. Les projections de ces neurones empruntent différentes voies, dont bloquant leur synthèse, en augmentant ou en empêchant leur « recapture » au niveau de la synapse.

D'autres corps chimiques sont également actifs sur les neurones du système limbique. C'est le cas d'une famille de médicaments, les benzodiazépines, dont on s'est aperçu qu'ils agissent sur des récepteurs membranaires spécifiques particulièrement nombreux sur les neurones de l'amygdale. Les médicaments à base de benzodiazépines ont un effet sédatif de l'anxiété. On se demande quel est le rôle de ces récepteurs dans le cerveau normal, et quel corps chimique endogène agit sur eux. Enfin, le cerveau sécrète, comme nous l'avons déjà vu au chapitre précédent, des peptides (les endorphines) ayant une action semblable à celle de la morphine, des morphines endogènes en quelque sorte. Ces corps sont fabriqués dans des neurones de différentes parties du cerveau et agissent sur des récepteurs localisés dans le système limbique, en particulier l'hypothalamus et l'hippocampe. On sait qu'ils sont libérés au cours du stress : leur action peut expliquer, entre autres, un phénomène curieux, l'analgésie liée au stress. On a constaté dans de nombreuses circonstances qu'une émotion intense (la peur) diminue la perception de la douleur. Ce fait peut être vérifié expérimentalement chez un rat

---

le faisceau médian du télencéphale (FMT), pour se terminer dans de nombreuses régions du cerveau : ganglions de la base (striatum et pallidum), hypothalamus, système limbique (septum, amygdale, hippocampe), dans le cortex cérébral, ainsi que dans la moelle épinière.
D'après Michel Le Moal, X. Seron et M. Jeannerod, Neuropsychologie humaine, *Liège, Mardaga, 1994.*

stressé soumis à des chocs électriques répétés. On applique à la queue de l'animal une stimulation douloureuse qui provoque normalement une réaction de retrait. Chez le rat stressé, cette même stimulation douloureuse n'entraîne pas cette réaction, comme si l'animal était devenu insensible à la stimulation douloureuse.

Le cerveau et le plaisir

À côté du problème des émotions et des réponses à une stimulation émotionnelle, nous rencontrons celui des affects. En dehors de toute situation émotionnelle aiguë, chacun de nous éprouve des états affectifs qui conditionnent son humeur, la coloration, positive ou négative, qu'il donne aux événements, à ses relations avec autrui, à ses propres pensées. L'état affectif est durable, alors que les émotions sont transitoires. Notre état affectif dépend d'un équilibre entre deux pôles opposés, le plaisir et le déplaisir. Positif et négatif, récompense et punition, joie et tristesse représentent d'autres façons de formuler cette opposition fondamentale autour de laquelle se construit notre être affectif. Le plaisir évoque la récompense, il est associé aux multiples nuances du bonheur, de la satisfaction, du bien-être ; il engendre des comportements qui conduisent à la recherche et à l'approche de l'objet de satisfaction. Le déplaisir est associé à des situations négatives qui évoquent la punition. Ces situations engendrent l'angoisse, la tristesse et des comportements d'immobilisation ou de fuite. D'une manière générale, on pourrait dire que notre comportement est en permanence tiré vers un besoin fondamental, la recherche du plaisir, et que les obstacles à cette recherche ou ses échecs procurent au contraire le déplaisir. La quête du plaisir comme moteur du comportement rend compte de notre tendance à rechercher les sensations agréables et à éviter les sensations désagréables, à entreprendre une action en vue d'obtenir un renforcement positif plutôt qu'un renforcement négatif, selon les termes utilisés par certains théoriciens de l'apprentissage[1].

La tendance à la recherche du plaisir (ou hédonisme) est présente chez tous les individus, mais à des degrés variables. On peut mesurer cette tendance en enregistrant les réponses d'un sujet à des questionnaires explorant sa capacité à éprouver du plaisir ou du déplaisir dans un certain nombre de situations. Le sujet doit évaluer des situations de type : « Vous écoutez une belle musique dans un cadre paisible », ou « Vous recevez votre feuille d'impôts en augmentation de 10 % ». Les réponses possibles s'échelonnent de « déplaisir extrême » à « déplaisir léger », ou de « plaisir léger » à « plaisir extrême », en passant par « ni plaisir ni déplaisir ». La moyenne des réponses obtenues d'un sujet permettra de placer un curseur sur une échelle d'hédonisme. La position du curseur définit, pour chacun, un trait de personnalité (hédonisme plus ou moins marqué). Dans certaines conditions, cette position peut devenir un marqueur pour un état affectif pathologique. C'est ainsi que, chez un sujet déprimé, le curseur se déplacera vers les valeurs « négatives » de l'échelle et classera le sujet comme anhédoniste, incapable d'éprouver du plaisir. Cette classification, comme nous le verrons, n'est qu'un indice parmi d'autres de la dépression.

---

1. Jean-Didier Vincent, *op. cit.*

La définition de la stimulation ou de la situation plaisante dépend de notre état interne. Une personne rassasiée reste insensible devant des mets raffinés qui, si elle était à jeun, déclencheraient immédiatement un comportement de prise alimentaire accompagnée d'une intense sensation de plaisir. On a pu étudier ce phénomène de façon plus objective dans une expérience qui consiste à court-circuiter, en quelque sorte, l'appréciation consciente qu'un sujet peut porter sur une situation et à mesurer ses choix. Pour ce faire, on le plonge dans un bain soit trop chaud, soit trop froid : le corps entier est immergé, à l'exception d'un bras. On lui demande alors d'évaluer avec la main le caractère agréable ou désagréable de la température de l'eau présentée dans une cuvette distincte du bain. Si le bain est trop chaud, le sujet va donner une appréciation « agréable » à une eau très froide alors que, au contraire, si le bain est trop froid, la sensation agréable sera produite par une eau très chaude. En d'autres termes, une même température sera jugée agréable ou désagréable selon la température du corps. L'appréciation d'un stimulus en termes de plaisir et la recherche du plaisir qui en découle dépendent donc de l'état général de l'organisme, du degré de confort ou d'inconfort dans lequel il se trouve, et non d'un critère fixe.

Le système cérébral du plaisir

L'état interne qui nous permet d'étiqueter notre état affectif dépend de l'activité d'un certain nombre de structures nerveuses appartenant pour l'essentiel au système limbique. Nous allons retrouver parmi ces structures et parmi les mécanismes neurochimiques qu'on peut y repérer, plusieurs des mécanismes déjà identifiés à propos des émotions.

L'existence d'un système consacré à l'étiquetage plaisant de sensations ou de situations, et donc à la recherche du plaisir, a commencé d'être soupçonnée lorsqu'on a découvert chez l'animal le comportement dit d'« autostimulation ». Considérons un rat à qui a été implantée une fine électrode dans la partie latérale de l'hypothalamus. La stimulation électrique de cette région déclenche chez lui une série de comportements positifs dont la manifestation dépend des objets qui l'entourent : si de la nourriture est présente dans la cage, l'animal se met à manger ; si c'est un congénère, il cherche à copuler, etc. Surtout, si l'on met à sa disposition un dispositif qui lui permet de déclencher lui-même la stimulation (un levier placé dans sa cage, sur lequel il apprend à appuyer), l'animal tend à s'autostimuler de plus en plus fréquemment, comme si cette stimulation lui procurait une sensation de bien-être. En recherchant systématiquement les zones dont la stimulation déclenche ce comportement, on a pu délimiter un ensemble comprenant le faisceau médian du télencéphale, le septum, l'amygdale, l'hippocampe et une partie du cortex frontal. Si la stimulation est déplacée vers les régions plus médianes de l'hypothalamus ou en arrière, vers le tronc cérébral, les effets obtenus traduisent au contraire sa nature aversive : l'animal se détourne de la nourriture, cherche à s'enfuir et évite d'appuyer sur le levier d'autostimulation. Chez l'homme, on peut aussi déclencher, au moyen de stimulations électriques, des sensations agréables comme des sensations aversives : nous avons vu plus haut des exemples de sensations plaisantes déclenchées par une stimulation du cortex cingulaire, ou de sensations de peur déclenchées par une stimulation de l'amygdale.

Peut-on en déduire que le cerveau du rat (et peut-être aussi le nôtre) contient un système dont l'activation provoquerait le renforcement positif (le plaisir) et un autre dont l'activation provoquerait le déplaisir ? Ces deux systèmes seraient dans un état de dépendance mutuelle et réaliseraient à l'état normal une sorte d'équilibre. Si l'on inactive temporairement, chez le rat, le système de renforcement positif, on constate une augmentation des réponses aversives provoquées par la stimulation du système de renforcement négatif, comme si ce dernier était libéré d'une inhibition exercée par le système de renforcement positif. Les études portant sur la neurochimie de ces systèmes ont mis en évidence le rôle de plusieurs neuromédiateurs dans cette régulation du plaisir et du déplaisir. On constate d'abord que les zones où peut se déclencher l'autostimulation sont toutes innervées par le faisceau médian du télencéphale issu d'un des principaux réservoirs de noradrénaline du cerveau, le noyau locus coeruleus, situé dans le tronc cérébral : ces zones utilisent donc la noradrénaline comme neuromédiateur. En facilitant la libération de la noradrénaline au niveau des synapses de ce système (par des injections locales de très faibles doses d'amphétamines), on facilite l'auto-stimulation. La dopamine, sécrétée par un groupe de neurones situé dans la substance noire irrigue aussi les neurones du système de renforcement positif : on a fait de la dopamine le neuromédiateur du plaisir sur la base d'expériences montrant que la libération de dopamine par stimulation électrique des neurones sécréteurs déclenche le comportement d'autostimulation chez le rat. On sait par ailleurs que les médicaments qui renforcent l'action de la dopamine ont un effet sédatif.

Il existe enfin un autre système neurochimique qui favorise le plaisir : c'est le système sécrétant les peptides qui constituent ce que nous avons appelé les « morphines endogènes ». Le cerveau sécrète des corps chimiques qui agissent sur ses propres récepteurs en procurant une sensation de plaisir. Le rôle de ces récepteurs est sans doute de renforcer l'action des monoamines (noradrénaline et dopamine dont nous avons parlé plus haut). L'homme a découvert de lui-même, depuis la plus haute Antiquité, la possibilité de mimer le fonctionnement de ce système au moyen de substances présentes dans la nature, les substances dérivées de l'opium. Ces substances, dont la morphine, agissent directement sur les récepteurs endomorphiniques situés dans tout le système limbique et provoquent une stimulation du système de renforcement positif. Il existe d'ailleurs dans le cerveau d'autres récepteurs (dans l'hippocampe) sensibles à des substances endogènes, les endocannabinoïdes. Ces récepteurs, comme les récepteurs endomorphiniques, peuvent être stimulés par une substance présente dans la nature, le cannabis. Les endocannabinoïdes fonctionnent comme des neuromédiateurs, mais en sens inverse de ceux que nous avons rencontrés jusque-là : ils vont du neurone postsynaptique vers le neurone présynaptique et tendent à freiner la transmission au niveau de certaines synapses. Cette propriété pourrait leur conférer un rôle dans le blocage de phénomènes synaptiques associés à la mémoire (la potentialisation à long terme, dont nous avons parlé dans un autre chapitre). Le résultat de cet effet serait l'oubli de certains souvenirs, en particulier les souvenirs aversifs résultant d'expériences déplaisantes. Ainsi, les endocannabinoïdes pourraient représenter un système auxiliaire des systèmes de plaisir qui aurait pour fonction de supprimer la trace d'expériences déplaisantes.

Quelle peut être la fonction, pour un organisme, d'un système aboutissant à procurer du plaisir ? Il s'agit avant tout d'un mécanisme propre à susciter et développer la motivation, induisant des comportements importants pour le développement et la survie de l'espèce. La stimulation de l'apprentissage pour acquérir de nouvelles connaissances, la recherche de meilleures conditions de vie sont des sources de renforcement positif qui aboutissent à des situations de récompense valorisant ces comportements. À l'inverse, l'évitement de situations pénibles ou dangereuses et de toute autre source de déplaisir concourt à la protection et à la sauvegarde des intérêts de l'espèce. Nous allons envisager dans ce qui suit les conséquences de dérives pathologiques de ce système, par insuffisance ou par excès.

La dépression

La délicate régulation de nos états affectifs peut se modifier de manière pathologique. Une des manifestations les plus fréquentes de la pathologie des affects est la dépression. Elle peut survenir en réaction à un événement extérieur malheureux (une maladie, un échec professionnel, la perte d'un être cher). Elle peut aussi survenir sans cause apparente, comme c'est le cas dans les dépressions d'origine « endogène ». Le tableau clinique de la dépression est marqué par deux traits principaux. D'abord, la tristesse : le patient éprouve un sentiment de pessimisme, de remords à l'égard du passé, de désintérêt pour le présent ; il se sent dévalorisé, son affectivité est émoussée. Le second symptôme caractéristique est le ralentissement de l'action et de la pensée : les mouvements sont lents, le visage inexpressif, la voix sans timbre ; en même temps, le patient perd toute initiative, sa pensée est répétitive et donne l'impression d'une rumination mentale. La dépression s'accompagne par ailleurs de signes somatiques comme des troubles du sommeil* (insomnie ou, à l'inverse, hypersomnie), angoisse, troubles digestifs ou cardiaques, etc. La dépression évolue sous la forme d'accès qui peuvent régresser spontanément et qui sont parfois entrecoupés d'épisodes affectifs opposés : le patient ressent alors un état marqué par l'euphorie, l'excitation, l'accélération de l'action et de la pensée. Cette alternance de dépression et de manie crée le tableau de la maladie maniaco-dépressive[1].

La dépression est donc une maladie qui modifie les affects et qui, en référence à la description de leur régulation dont il est question ici, pourrait se caractériser comme une perturbation des mécanismes de recherche du plaisir : nous avons vu plus haut que les patients déprimés se situent du côté anhédonique sur les échelles de mesure de la recherche du plaisir. Ce qui permet d'affirmer cette hypothèse est l'efficacité du traitement de la maladie par des médicaments spécifiques qui constituent la famille des antidépresseurs.

---

1. Daniel Widlocher, *Les Logiques de la dépression*, Paris, Fayard, 1983.

D'une manière générale, ces médicaments, découverts dans les années 1960, agissent sur les mécanismes synaptiques qui contrôlent le taux local de molécules dont nous avons parlé plus haut, les monoamines du cerveau (noradrénaline, dopamine, sérotonine). Ces neuromédiateurs sont normalement dégradés, après avoir été sécrétés par les neurones présynaptiques, par une enzyme, la monoamine-oxydase. Certains des médicaments en question ont la propriété d'être des inhibiteurs de la monoamine-oxydase (IMAO) et donc de maintenir un taux élevé de monoamines dans les régions synaptiques où celles-ci sont sécrétées. Le rôle d'un déficit en monoamines à l'origine de la dépression a été confirmé par des expériences sur un modèle animal de la dépression, le « désespoir appris ». Des rats sont placés dans une situation aversive sans issue : ils reçoivent périodiquement un choc électrique sans avoir la possibilité d'y échapper. Les animaux adoptent alors une attitude typiquement dépressive : ils cessent de réagir aux chocs électriques, restent immobiles et figés dans un coin de la cage, cessent de s'alimenter. Des études neurochimiques révèlent une diminution rapide du taux de monoamines dans leur cerveau. Le taux normal se rétablit plusieurs heures après que les chocs électriques ont été arrêtés.

La toxicomanie

La recherche du plaisir et l'évitement du déplaisir constituent deux pôles d'une régulation automatique de notre comportement. En principe, chaque individu possède un point d'équilibre de son niveau d'hédonisme. Lors d'une perturbation de cet équilibre par un événement extérieur (vécu comme récompense ou punition), les réactions de recherche du plaisir ou d'évitement du déplaisir restent contenues à l'intérieur de certaines limites jusqu'au retour au point d'équilibre. Ce mécanisme de maintien d'un point d'équilibre, courant en physiologie, prend le nom d'« homéostasie ». Tout se passe comme si le point d'équilibre était fixé comme une sorte de constante biologique, de telle sorte que tout écart par rapport à ce point entraînait une correction quasi automatique. Imaginons ce que produirait un dérèglement de ce mécanisme, tel que le point d'équilibre serait déplacé dans la direction de la recherche de plaisir. Dans ce cas, la correction de l'écart devrait se poursuivre en dehors de la zone normale définie par l'homéostasie pour finalement atteindre le nouveau point d'équilibre, ce qui impliquerait le maintien prolongé d'un comportement de recherche de plaisir. Un tel déplacement chronique de ce point d'équilibre a été proposé pour expliquer le phénomène de dépendance qui caractérise la prise de drogues agissant sur le système (voir plus loin).

Comme nous l'avons vu, certains corps chimiques présents dans la nature ou fabriqués par l'homme (les drogues psychoactives) ont en commun d'agir sur les récepteurs membranaires de neurones sensibles à l'action de la dopamine et des morphines endogènes. La cocaïne et les amphétamines agissent sur les récepteurs à la dopamine, les dérivés de l'opium agissent sur les récepteurs à la dopamine et aux morphines endogènes, de même que le cannabis, la nicotine et l'alcool. Les zones du cerveau où se trouvent ces récepteurs sont situées, pour l'essentiel, dans l'amygdale, la substance noire, la région du tegmentum ventral qui, comme nous l'avons vu, font partie du système cérébral du plaisir et de la récompense. La prise régulière d'une dose exagérée de telles drogues active le système et procure une sensation de plaisir. À l'inverse, l'arrêt de la prise le désactive et produit un affect négatif qui déclenche à nouveau le comportement de recherche de plaisir. L'affect négatif dû à l'arrêt de la prise de drogue correspond à un état de stress, avec son cortège de réactions physiologiques (entre autres, l'activation du système orthosympathique) et psychologiques (détresse, irritabilité). La dépendance survient lorsque le sujet recherche un niveau de plaisir toujours plus élevé pour satisfaire la demande de son système déréglé.

Il nous reste à essayer de comprendre ce qui rend un sujet dépendant et esclave de sa recherche de plaisir. Un facteur déterminant est que la prise répétée d'une drogue produit une augmentation de la tolérance du système (il faut davantage de drogue pour produire un effet), comme si les récepteurs s'adaptaient à la drogue. Le seuil à franchir pour obtenir la récompense s'élève et de nouveaux mécanismes sont mis en jeu pour revenir au point d'équilibre. Ces mécanismes anormaux deviennent antiadaptatifs et finissent par aggraver le déséquilibre et du même coup incitent à des prises répétées. La dépendance est donc la conséquence d'un comportement de recherche de plaisir qui ne peut plus être contrôlé et qui persiste en dépit de ses effets négatifs.

La question est de savoir si le dérèglement du comportement de recherche de plaisir peut aussi se développer à partir de facteurs naturels de récompense : le jeu, la prise de nourriture, l'activité sexuelle peuvent-ils entraîner la dépendance ? Et, si tel est le cas, les mécanismes de cette dépendance sont-ils les mêmes que ceux qui résultent de la prise de drogues ?

Chapitre V

LE CERVEAU ET LA MÉMOIRE

Ce chapitre explore le domaine de la mémoire. Elle est omniprésente dans le fonctionnement du système nerveux, aussi élémentaire soit-il : c'est la fonction qui nous permet d'acquérir de nouvelles connaissances, de les retenir et de les rappeler pour les utiliser. On peut envisager son étude à différents niveaux, selon que l'on s'intéresse à ses mécanismes intimes, à ses effets sur le comportement ou à ses aspects cognitifs.

Le mécanisme intime de la mémoire est proche de ceux que nous avons déjà envisagés au chapitre II à propos de la plasticité synaptique : en fait, la mémoire n'est qu'une des formes de cette plasticité. Lorsqu'une stimulation est appliquée de manière répétée en un point du système nerveux, soit par l'intermédiaire d'un récepteur sensoriel, soit directement sur des fibres et sur les neurones avec lesquels elles sont connectées, cette stimulation modifie de façon durable l'état des connexions synaptiques du réseau stimulé : elle laisse une trace. Cette trace pourra être réveillée par une nouvelle stimulation, même plus faible, appliquée à la même voie ; elle persistera plus ou moins longtemps selon les conditions de la stimulation et finira éventuellement par disparaître. Ces trois propriétés — fixation sous la forme d'une trace, rappel par une nouvelle stimulation, oubli — sont celles de tous les systèmes de mémoire biologiques.

Les effets sur le comportement des traces fixées dans le système nerveux à la suite d'un apprentissage ont été l'objet de travaux de laboratoire : comment la trace s'établit-elle ou disparaît-elle ? Ces travaux ne font que prolonger de manière plus objective la pratique du dressage utilisée depuis toujours pour modifier le comportement d'un animal. Le dressage comporte en général l'association d'une tâche à exécuter par l'animal et d'un renforcement (récompense ou punition) donné par le dresseur. À force de répétition, la tâche finit par être exécutée correctement, même si le renforcement s'estompe ou disparaît. Au laboratoire, cette même démarche a permis l'étude des réflexes conditionnés : chacun connaît les expériences réalisées chez le chien où l'on déclenche un réflexe de salivation par la simple présentation d'un son, si celui-ci a été associé de nombreuses fois avec la nourriture. Une fois le réflexe établi, l'expérimentateur peut étudier les caractéristiques de la mémoire qui sous-tend ce réflexe, en mesurant son intensité et sa décroissance au cours du temps.

Des réflexes conditionnés peuvent aussi être créés chez des animaux possédant un système nerveux plus simple que celui du chien, comme le poulpe ou l'aplysie (la limace de mer). Chez l'aplysie, comme nous l'avons vu, on peut provoquer un réflexe de retrait de l'extrémité buccale de l'animal (le siphon) par une simple stimulation tactile, normalement inefficace, à condition qu'elle ait été suivie de nombreuses fois par un choc électrique au niveau du siphon. Cette expérience a pu être reproduite, non seulement chez l'animal entier, mais sur le petit réseau nerveux qui contrôle le réflexe de retrait, isolé du reste du corps de l'animal. L'expérimentateur a ainsi pu établir le réflexe conditionné en appliquant directement les différentes stimulations aux fibres qui pénètrent dans le réseau, puis mesurer l'efficacité de chacune des synapses qui le constituent. Il a pu littéralement, voir la trace de l'apprentissage se former sous ses yeux[1].

Le mécanisme du conditionnement a été proposé comme un modèle pour expliquer l'acquisition spontanée de nouveaux comportements chez un animal dans les conditions naturelles. En procédant par essais et erreurs, il apprend à associer la réponse qu'il donne à un stimulus et les conséquences (positives ou négatives) qui en découlent. Dans ce modèle, dit du « conditionnement opérant », ce sont les conséquences d'un comportement fortuit qui peuvent le renforcer. Si les conséquences observées par l'animal lui sont bénéfiques, ce même comportement sera retenu et réutilisé dans des circonstances identiques pour parvenir au même résultat.

Chez les êtres qui ne sont pas doués de conscience et encore moins de langage, comme l'aplysie ou le chien, les

---

1. Eric Kandel et Larry Squire, *La Mémoire. De l'esprit aux molécules* (traduction française par F. Eustache), Paris, De Boeck Université, 2002.

informations fixées dans la mémoire ne sont pas évoquées sous la forme de connaissances ou de souvenirs. Elles sont fixées sous la forme de recettes, ou de procédures à suivre pour obtenir un résultat. La vision d'un objet ou d'un lieu, une odeur, un bruit déclenchent directement le comportement le mieux adapté, vraisemblablement sans passer par une étape explicite. Chez un animal familier, cette forme de mémoire s'exprime par des habitudes, des comportements plus ou moins stéréotypés et souvent déclenchés par les habitudes du maître. Comme nous le verrons plus loin, c'est aussi une des composantes de la mémoire humaine.

Chez l'animal familier ou sauvage, enfin, une grande partie de la mémoire fonctionne sous la forme d'une mémoire d'espèce, d'un instinct qui se transmet d'une génération à l'autre par le biais d'un codage génétique. L'instinct permet à chaque individu d'une espèce de disposer d'un répertoire de comportements adaptés aux principales fonctions vitales : rechercher la nourriture, construire un gîte, se défendre, se reproduire, protéger sa progéniture. L'instinct fonctionne pratiquement sans apprentissage, les contenus du répertoire se déclenchent au bon moment : le lapin n'apprend pas à creuser son terrier, l'araignée n'apprend pas à tisser sa toile.

La mémoire humaine

Chez l'être humain, la situation paraît inversée. À la naissance, le répertoire de l'enfant est pauvre et ne semble jouer qu'un rôle mineur dans l'expression de son comportement et dans son développement. Au contraire, c'est l'expérience acquise dès le début de la vie extra-utérine, sous l'influence du maternage puis de l'éducation, qui devient le facteur prédominant des apprentissages et des acquisitions. À l'opposé de la mémoire d'espèce, qui est collective, la mémoire humaine est avant tout individuelle. Comme nous le verrons, elle doit cette caractéristique singulière, unique dans le monde animal, à la possibilité d'utiliser le langage. Cette possibilité a permis le développement d'un contenu mnésique organisé en compartiments distincts : c'est là que sont stockés les souvenirs propres à chaque individu, ainsi que des connaissances qui, si elles sont partagées par un grand nombre, restent fortement conditionnées par la façon dont elles ont été acquises par chacun.

Les compartiments qui contiennent ces informations permettent un stockage à long terme : ils constituent ce qu'on appelle la « mémoire permanente ». Depuis 1972, selon un modèle accepté par tous[1], les compartiments de la mémoire permanente sont classés en fonction de leur contenu. Certains sont réservés à un contenu qui est accessible de manière consciente et susceptible d'être rapporté et décrit par le langage. Pour cette raison, on les qualifie de « mémoires déclaratives ». À l'opposé, la mémoire permanente possède aussi d'autres contenus qui ne sont accessibles que de manière automatique et ne peuvent être évoqués de manière consciente. Ce sont des formes dites « procédurales » qui rappellent certains aspects de la mémoire animale et dont nous reparlerons plus loin[2].

---

1. Il s'agit du modèle du Canadien Endel Tulving.
2. Guy Tiberghien, *La Mémoire oubliée*, Liège, Mardaga, 1997.

Les deux formes principales de la mémoire déclarative sont la mémoire sémantique et la mémoire épisodique. La *mémoire sémantique* contient des connaissances générales partagées par les individus d'un même groupe culturel : les mots de notre lexique, les symboles, les concepts et les règles qui permettent de les assembler et de les mettre en relation entre eux. Elle a donc pour fonction principale de contribuer à la compréhension et à l'expression du langage. Elle contient aussi les connaissances historiques, géographiques, scientifiques, artistiques ou techniques accumulées tout au long de la vie. Ces connaissances se réfèrent essentiellement au monde extérieur, à son organisation et à sa signification. Elles constituent notre savoir, et l'expérience que nous avons de son contenu est de l'ordre du « je sais ».

La fixation des connaissances dans la mémoire sémantique dépend surtout de facteurs comme l'attention volontaire, le désir d'apprendre. C'est le problème auquel se trouvent confrontés l'enseignant ou l'auteur qui doivent attirer et retenir l'attention de leurs auditeurs ou lecteurs pour que les connaissances qu'ils cherchent à leur transmettre aient des chances de se fixer et d'être stockées. La fixation dans la mémoire sémantique est favorisée par la répétition, méthode couramment utilisée pour apprendre une leçon, par exemple. La répétition est efficace dans la mesure où, précisément, les connaissances de nature sémantique sont permanentes et relativement intemporelles : elles peuvent être présentées plusieurs fois sans risque d'altération ou de détérioration.

À l'opposé, l'autre forme de mémoire déclarative, la *mémoire épisodique*, contient des événements, des épisodes datés dans le temps. Ce contenu ne se réfère pas à l'organisation générale du monde extérieur, mais à une expérience vécue. Pour cette raison, le contenu de chaque mémoire épisodique est différent des autres. Mes souvenirs autobiographiques, les événements que j'ai vécus, les personnes que j'ai rencontrées sont donc des informations uniques, qui ne se répètent pas. L'expérience subjective que j'ai de ce contenu est celle de « je me souviens ». La fixation d'un événement en mémoire épisodique dépend beaucoup du contexte dans lequel s'est déroulé l'événement et de l'état affectif dans lequel on se trouvait lorsqu'il s'est produit. Un événement survenu dans un contexte émotionnel intense se fixe de manière plus durable qu'un événement vécu dans un contexte neutre. Un exemple souvent cité d'événement vécu dans un contexte émotionnel est celui de l'assassinat du président Kennedy en octobre 1963. Les personnes interrogées rapportent non seulement les circonstances de l'assassinat ; elles rapportent aussi de manière très précise une foule de détails autobiographiques concernant leur propre vécu de l'événement : l'endroit exact où elles se trouvaient lorsqu'elles ont appris la nouvelle, l'attitude des gens autour d'elles, etc. L'état émotionnel occasionné par l'événement a favorisé la fixation d'informations accidentelles qui, en tant que telles, n'auraient autrement pas été retenues. Cet exemple montre aussi que les cloisons qui séparent l'un de l'autre les compartiments de la mémoire sémantique et de la mémoire épisodique ne sont pas étanches. Le rappel de l'assassinat du président Kennedy, un fait historique qui appartient en réalité à la mémoire sémantique, entraîne avec lui des souvenirs personnels appartenant à la mémoire épisodique propre à chaque individu.

La mémoire sémantique et la mémoire épisodique ont donc en commun de contenir l'une et l'autre des informations déclaratives. Ces informations peuvent être décrites, racontées ou évoquées par le langage. Le cas le plus typique est celui des connaissances plus ou moins abstraites fixées dans la mémoire sémantique : « Le Nil est le plus long fleuve du monde, il prend sa source dans la région des grands lacs africains... » Cette information est connue de tous ceux qui ont suivi un cours de géographie élémentaire, même s'ils n'ont jamais vu le Nil ni mesuré son cours sur une carte. D'autres informations, toutefois, sont fixées sous une forme différente de la forme verbale. De nombreuses connaissances nous sont disponibles sous la forme d'images : elles n'ont jamais donné lieu à un compte rendu verbal et leur fixation s'est faite sous l'influence de l'observation. La réponse à des questions comme : « L'ours a-t-il des oreilles rondes ou pointues ? Les rayures du zèbre sont-elles horizontales ou verticales ? » ne peut être donnée qu'en passant par une image mentale, une représentation mémorisée sans le secours du langage.

D'autres formes de mémoire permanente n'ont pas ce caractère déclaratif qu'ont la mémoire sémantique ou la mémoire épisodique : elles sont implicites, automatiques, en grande partie inconscientes. On qualifie ces mémoires de « procédurales ». On leur attribue les habitudes, les pratiques, l'ensemble des capacités supposant la possession d'un savoir-faire. De nombreux gestes de la vie courante (lacer ses chaussures, conduire une voiture, tricoter), les gestes sportifs (nager, skier), les gestes professionnels en font partie. Le contenu des mémoires procédurales est donc fait de gestes appris par observation, imitation, répétition, mais presque jamais à la suite d'un enseignement verbal. Il n'y a pas de cours théoriques dans l'apprentissage du tennis : comment le moniteur pourrait-il décrire de façon détaillée la posture idéale pour réaliser un service, par exemple ? Il lui suffit de prendre lui-même la posture, de décomposer le geste devant l'élève, pour que celui-ci, à force d'essais et d'erreurs, à force d'entraînement, parvienne au résultat désiré. La mémoire animale, comme nous l'avons vu plus haut, est avant tout de type procédural. Le fait que le contenu d'une mémoire procédurale ne peut être rappelé de façon déclarative rend impossible la transmission des savoirs techniques d'un individu à l'autre par la voie du langage. Cette transmission ne peut être assurée que par l'observation et l'imitation, dont seules un très petit nombre d'espèces de singes sont capables.

La mémoire transitoire

Il devient nécessaire, à ce stade, de compléter notre définition de la mémoire. La mémoire humaine, en effet, n'est pas seulement une bibliothèque où seraient stockées nos connaissances, ni un disque dur où seraient gravés nos souvenirs personnels. Selon une définition plus large, la mémoire est le mécanisme qui permet de stocker, de gérer et de retrouver des connaissances et des souvenirs. Nous n'avons parlé jusque-là que de stockage. La nouvelle définition implique que la mémoire est aussi un appareil qui organise notre comportement, aussi bien dans le court terme que dans le long terme. Il est nécessaire en effet que les informations présentes dans notre environnement soient soumises à un filtrage avant d'être stockées. Il est nécessaire aussi que les informations stockées en mémoire permanente, en dehors de leur valeur de rappel du passé, puissent être utilisées comme matériau pour l'organisation de la vie quotidienne. En d'autres termes, la mémoire ne fait pas référence seulement au passé, elle constitue aussi un instrument de travail pour gérer le présent et structurer le futur.

De façon schématique, on distingue à côté de la mémoire permanente (à long terme), une mémoire transitoire (à court terme). Il est plus juste de dire que la mémoire transitoire représente la couche superficielle, en quelque sorte, de l'ensemble de la mémoire : elle n'est en fait que la zone momentanément activée de la mémoire. C'est dans cette zone que séjournent les informations actuelles extraites du monde environnant et candidates au stockage en mémoire permanente, mais aussi des informations (connaissances, souvenirs) rappelées de la mémoire permanente pour un usage momentané. Ainsi, la mémoire transitoire a pour rôle de rendre utilisables pendant une période de temps restreinte des informations venues de l'extérieur ou provenant de la mémoire à long terme. Ces informations sont destinées à un usage immédiat et sont ensuite stockées de manière ordonnée ou finalement oubliées. On donne à cette zone activée le nom de « mémoire de travail ». C'est la mémoire que nous utilisons à chaque instant pour conserver présents à l'esprit les éléments nécessaires à l'exécution d'une tâche : terminer la phrase que nous sommes en train d'énoncer, retenir la prochaine étape d'une action pendant qu'on exécute la précédente, mémoriser une consigne, etc. Nos capacités de langage, de raisonnement, de calcul sont largement déterminées par le fonctionnement de notre mémoire de travail.

Ce qui donne à cette forme de mémoire son caractère transitoire, c'est le fait qu'elle a une capacité limitée (on ne peut pas faire plusieurs choses à la fois) et qu'elle s'efface rapidement. On peut mesurer sa capacité par le nombre d'items d'une série qu'on est capable de répéter immédiatement. Il suffit de mémoriser une liste d'une douzaine de mots quelconques et de tenter de la restituer peu après : le nombre de mots rappelés n'excède en général pas cinq ou six. De plus, cette mémoire transitoire présente un fort taux d'oubli que l'on mesure par la durée de l'« empan mnésique ». On tente de se remémorer une liste de mots rappelés après des temps variables : on constate alors que le nombre de mots rappelés décroît rapidement avec le temps.

L'encodage à long terme du contenu de la mémoire transitoire ou son oubli dépendent d'un processus de sélection, de filtrage où interviennent de nombreux facteurs liés à la situation dans laquelle on se trouve au moment de la présentation de l'information. L'attention et l'état affectif, comme nous l'avons vu, jouent leur rôle dans ce processus. D'autres facteurs, comme les instructions qui sont données, ou encore le degré de participation active dans l'acquisition de l'information, favorisent le stockage. Les autres informations sont vite oubliées. Notons qu'il existe des cas où le filtrage se fait mal et où des informations non pertinentes sont stockées : certains sujets autistes, par exemple, font preuve d'une mémoire étonnante pour mémoriser des informations non pertinentes, comme les numéros d'immatriculation des voitures ou les dates de naissance.

La récupération

Les informations stockées en mémoire permanente sont en principe disponibles et peuvent être récupérées, soit volontairement, soit automatiquement. La récupération de ces informations fait intervenir deux processus différents, le rappel et la reconnaissance. Le premier est une modalité active et volontaire demandant parfois un effort important. Lorsqu'il échoue, il se traduit par un sentiment caractéristique, l'impression de savoir : « Je ne me rappelle pas la réponse à la question, mais je sais que je la connais » ; « Je ne peux donner la réponse, mais j'ai le mot sur le bout de la langue ». Le rappel, surtout pour des souvenirs stockés en mémoire épisodique, fonctionne souvent sur le mode de l'association : on connaît l'exemple célèbre de la madeleine de Proust, où le souvenir est réactivé de manière automatique à partir de l'association d'un goût et d'un contexte

La reconnaissance est un mécanisme le plus souvent passif. C'est pour cette raison qu'elle paraît plus facile que le rappel. On peut ne pas se rappeler le nom d'un homme politique ou d'un acteur de cinéma et pourtant le reconnaître immédiatement sur une photo : du même coup, les autres connaissances associées à ce personnage deviennent accessibles (il jouait dans tel ou tel film, etc.). Lorsqu'elle échoue, la reconnaissance peut se réduire à un sentiment de familiarité : tel visage peut nous paraître familier sans qu'on puisse lui associer un nom ou une histoire.

Le stockage en mémoire permanente obéit à des règles d'organisation qui conditionnent en partie la récupération des connaissances ou des souvenirs. Les connaissances générales stockées dans la mémoire sémantique possèdent une grande stabilité et peuvent être récupérées dans des contextes très différents de celui de l'encodage. Ces connaissances sont regroupées en représentations concentrant de l'information sous la forme de catégories ou de champs relativement étanches les uns par rapport aux autres. L'évocation d'un mot, en activant l'ensemble du champ auquel il appartient, facilite la reconnaissance ou le rappel des informations contenues dans ce champ.

Dans la mémoire épisodique en revanche, les souvenirs sont encodés sous la forme de représentations complexes entre lesquelles s'établissent des relations et où une partie de l'information peut circuler d'une représentation à l'autre. La récupération n'est pas la réactivation des traces telles qu'elles ont été encodées ; c'est plutôt une reconstruction qui exploite l'ensemble du matériel présent dans le stock. De fait, les souvenirs autobiographiques sont le plus souvent constitués d'un mélange de détails appartenant à des circonstances différentes. Les rêves semblent représenter des exemples typiques de souvenirs reconstruits à partir de traces multiples d'événements vécus par le rêveur. Cette particularité de la mémoire épisodique rend difficile l'utilisation de souvenirs autobiographiques comme témoignages, lorsque ceux-ci ne sont pas recoupés par ceux d'autres témoins.

Dans la mémoire procédurale, enfin, les traces constituées à la suite de l'apprentissage et de l'entraînement restent bien isolées les unes des autres. Le rappel se fait trace par trace, sans reconstruction. Celles de la mémoire procédurale ne se mélangent pas : si l'on sait tricoter, les procédures du tricot ne se mêlent pas à celles du jeu de piano, par exemple. Pour les retrouver, il suffit de réactiver les conditions dans lesquelles s'est fait l'apprentissage initial : pour retrouver les mouvements du skieur, il faut se remettre sur des skis.

L'oubli

Quelle est la durée d'une information stockée en mémoire ? Un souvenir peut-il s'effacer ? Pour beaucoup de gens, la réponse à ces questions est que le stockage en mémoire permanente a une durée illimitée et que les défaillances que chacun peut constater dans sa propre mémoire sont d'ordre psychologique plutôt que biologique. En d'autres termes, beaucoup de gens pensent que, si une information paraît oubliée, c'est parce qu'on ne parvient pas à la récupérer et non parce que la trace en a été effacée. Plusieurs écoles de psychologie, d'ailleurs, considèrent qu'il est possible, par des méthodes appropriées, de les faire sortir de la partie inconsciente de notre psychisme pour leur permettre de resurgir dans la conscience. Pour les spécialistes de la biologie de la mémoire, en revanche, l'oubli (la disparition physique de traces) fait partie du fonctionnement normal de la mémoire. Leur hypothèse est que, chaque fois qu'un nouveau souvenir est formé, il modifie l'ensemble des autres souvenirs. Le nouveau chasse l'ancien, en quelque sorte : certains souvenirs fixés dans des conditions favorables peuvent persister toute la vie, mais d'autres, moins solides, disparaissent.

Les effets de l'âge sur la mémoire

La mémoire évolue avec l'âge. Chez le tout jeune enfant, le stockage en mémoire semble exister de manière précoce. On observe des signes de reconnaissance très tôt après la naissance : le nouveau-né âgé de quelques jours reconnaît la voix de sa mère parmi les voix d'autres femmes. Toutefois, le rappel conscient paraît impossible au cours des premières années. Les premiers souvenirs conscients datent en général de l'âge de 3 ans : ce sont des souvenirs fragmentaires et isolés. La continuité des souvenirs ne s'observe pas avant l'âge de 6 ans, ce qui correspond à la maîtrise du langage et à la possibilité de les exprimer verbalement. On sait que cette date correspond aussi à la maturation de certaines régions du cerveau importantes pour la manipulation et la récupération des souvenirs, comme l'hippocampe. Il n'en reste pas moins que, lorsque l'enfant dispose du langage et que ces régions sont devenues fonctionnelles, il reste incapable de rappeler des souvenirs antérieurs à 3 ans : c'est le phénomène dit de l'« amnésie infantile ». Nous revenons ici aux questions posées plus haut sur le devenir d'informations stockées en mémoire à une période de la vie et ensuite oubliées.

À l'autre extrémité de la vie, chez la personne âgée, la mémoire se caractérise par une plus forte tendance à l'oubli. Ce phénomène physiologique se traduit par la « plainte mnésique » chez des personnes ayant dépassé 60 ans qui souffrent de « perdre la mémoire ». Les tests habituellement réalisés en clinique ne révèlent que des déficits mineurs. La mémoire de travail est conservée, l'empan mnésique est normal. La mémoire procédurale est intacte. La récupération des connaissances stockées en mémoire sémantique est altérée en rappel actif, mais pas en reconnaissance. La partie de la mémoire la plus atteinte est la mémoire épisodique. Les noms propres de personnes et de lieux et les dates des événements récents sont d'un rappel difficile, mais ne sont pas oubliés pour autant car ils peuvent être récupérés à un autre moment ou dans un autre contexte. Enfin, contrairement aux patients présentant une amnésie pathologique, le sujet âgé présentant une simple plainte mnésique est conscient de son trouble.

Les amnésies

La connaissance des processus de mémoire et de ses différentes formes nous aide à en comprendre et en décrire les maladies (les amnésies). À l'inverse, les amnésies contribuent beaucoup à nos connaissances sur la mémoire, en particulier pour comprendre ses mécanismes neurologiques.

La description des manifestations cliniques de l'amnésie pathologique date de la fin du XIXe siècle. Cette description portait sur des malades présentant une forte imprégnation alcoolique qui avait abouti à la dégénérescence sélective d'une partie du diencéphale, au niveau des corps mamillaires. Toutefois, on peut aussi observer des amnésies du même type à la suite de lésions d'encéphalites, de tumeurs ou de lésions chirurgicales. Ces malades, tout en conservant une intelligence normale, présentent à la fois une incapacité à acquérir des faits nouveaux et un oubli des faits anciens. Le premier déficit, qui fait que le malade oublie à mesure, constitue l'amnésie « antérograde ». La conséquence en est une sévère désorientation dans le temps et dans l'espace : le malade ignore la date et le lieu où il se trouve, il ne reconnaît pas son médecin ni son entourage, il tend à poser constamment les mêmes questions et à raconter les mêmes histoires. En d'autres termes, alors que la mémoire de travail de ces malades peut être normale, les informations qui traversent la mémoire transitoire ne gagnent pas la mémoire permanente et le stockage des faits nouveaux est impossible (Figure 5-1).

Le second déficit se caractérise par un oubli des faits anciens. Cette amnésie « rétrograde » est graduelle, en ce sens qu'elle atteint d'abord les souvenirs les moins anciens (en continuité, en quelque sorte, avec les effets de l'amnésie antérograde) et respecte les souvenirs les plus anciens. Lorsqu'on peut dater le début de la maladie, on constate que l'amnésie s'étend d'emblée sur les quelques années qui précèdent, puis tend à s'étendre progressivement vers des souvenirs plus anciens. Ce déficit peut être testé en interrogeant les malades sur des personnages célèbres ou des événements marquants correspondant aux périodes qu'ils ont vécues, ou, de façon moins facilement vérifiable, en faisant appel à leurs souvenirs autobiographiques. La conséquence de l'amnésie rétrograde est une perte de l'identité du malade qui finit par oublier son nom et par ne plus savoir s'il est marié ou s'il a des enfants, en un mot, par devenir un homme sans passé. Les malades atteints de ce type d'amnésie présentent en outre souvent la particularité curieuse de fabuler sur leur absence de souvenirs. Ils évoquent des souvenirs inventés (des « paramnésies ») et font de fausses reconnaissances :

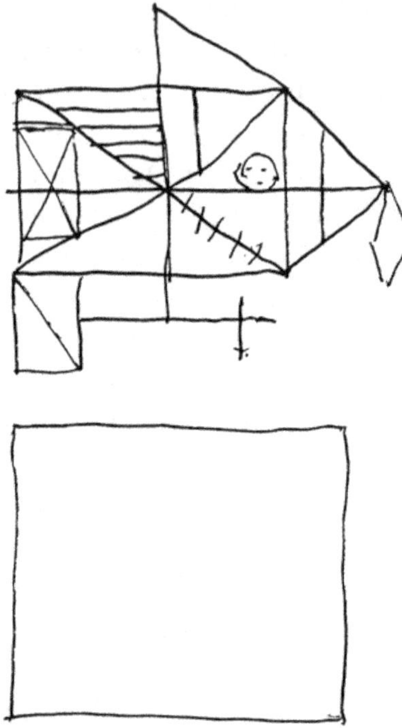

FIGURE 5-1
Amnésie chez un patient présentant une lésion du système limbique. L'amnésie est testée au moyen de la reproduction d'une figure test, la figure de Rey. Le patient est capable de recopier correctement la figure avec tous ses détails (en haut). Lorsqu'on lui demande quelques instants après de la reproduire de mémoire, il est seulement capable d'esquisser un rectangle et présente un oubli complet de tous les autres éléments de la figure (en bas). La fixation en mémoire est impossible (amnésie antérograde).
D'après M. A. Gazzaniga, The Cognitive Neurosciences, *Cambridge, MIT Press, 1996.*

ils traitent des personnes totalement inconnues comme des familiers en leur attribuant un nom, un métier, etc.

D'autres formes d'amnésie, moins globales mais tout aussi invalidantes, sont causées par des lésions de la région interne du lobe temporal. Le cas le mieux étudié est celui du fameux malade HM qui a subi en 1957 aux États-Unis une résection chirurgicale de cette région temporale interne des deux côtés pour cause de crises d'épilepsie résistantes aux autres traitements. Cette opération, tout en supprimant les crises d'épilepsie, a causé l'apparition d'une amnésie sévère. Celle-ci est essentiellement liée à l'impossibilité de fixer de nouveaux souvenirs, alors que l'évocation de souvenirs anciens, antérieurs à 1957, reste possible. Ce trouble porte essentiellement sur la mémoire épisodique. HM est devenu un homme sans présent au-delà de quelques minutes : il oublie ce qu'il a mangé ou même s'il a mangé. Toutefois, sa mémoire sémantique est relativement bien préservée, ce qui lui permet de disposer de connaissances sur le monde extérieur et de s'adapter aux situations de la vie courante. Enfin, sa mémoire procédurale est intacte, ce qui lui a permis, jusqu'à ces dernières années, d'être un bon joueur de tennis.

L'étude des amnésies révèle, entre les différentes sortes de mémoires, des dissociations qui présentent un grand intérêt pour en comprendre les mécanismes. D'abord, comme nous l'avons vu, le trouble prédomine sur la mémoire permanente et épargne la mémoire à court terme. Leur empan mnésique peut être normal : les sujets peuvent répéter une série de chiffres ou de mots immédiatement après l'avoir entendue et peuvent retenir cette information quelques minutes. Au-delà, le stockage est impossible, du fait de l'amnésie antérograde. Certains patients amnésiques cependant, ceux qui sont porteurs d'une démence d'Alzheimer* par exemple, peuvent avoir, en plus de l'atteinte de la mémoire permanente, un trouble de la mémoire de travail. On le constate lorsqu'ils doivent exécuter une tâche où il est nécessaire de retenir une consigne pendant l'exécution d'une première partie, pour l'utiliser ensuite à l'exécution de la seconde partie. Ce déficit supplémentaire interdit la réalisation de la plupart des gestes de la vie courante où il est nécessaire de planifier et d'ordonner les actions pour atteindre un but. Comment réussir à faire le café si l'on oublie de brancher la cafetière sur le courant électrique ?

Une autre dissociation fréquente est la dissociation entre une mémoire épisodique déficiente et une mémoire sémantique préservée. La première, nous l'avons vu, est plus fragile et davantage sujette à l'oubli que la seconde. On peut même observer, chez certains malades, une compensation de la perte de la mémoire autobiographique par le recours à la mémoire sémantique. Certains souvenirs autobiographiques peuvent devenir des connaissances (sur soi-même, sur le métier, sur la famille) à force de répétition. Cette dissociation entre mémoire sémantique et épisodique s'explique par le fait que ce sont des entités indépendantes l'une de l'autre, dont le fonctionnement n'active pas les mêmes zones du cerveau : la mémoire sémantique utilise préférentiellement le lobe frontal et le lobe temporal de l'hémisphère gauche, tandis que la mémoire épisodique est représentée dans les deux lobes frontaux.

Enfin les amnésiques, s'ils perdent tout ou partie de leur mémoire déclarative, conservent en général leur mémoire procédurale. Ils restent souvent capables d'apprentissages relativement complexes, même si ces apprentissages demeurent le plus souvent inconscients. C'est le cas d'une patiente amnésique à laquelle on donnait à faire le même puzzle chaque jour : alors même qu'elle ne se souvenait pas l'avoir déjà fait, elle était capable de le terminer de plus en plus vite. Le malade HM était également capable d'apprentissages surprenants sans qu'il en soit conscient. Cette dissociation est d'un grand intérêt pour la rééducation et la prise en charge des malades amnésiques à qui on peut ainsi apprendre à utiliser des procédures complexes comme celles de l'informatique. Ces malades sont capables d'apprendre des séries d'opérations même s'ils ne peuvent acquérir les connaissances logiques sous-jacentes.

L'étude des patients amnésiques, venant compléter les travaux des psychologues, nous a beaucoup appris sur les mécanismes de la mémoire. On sait ainsi que les régions du cerveau responsables de la mémoire à court terme et à long terme sont distinctes. De même, les régions responsables de l'acquisition de nouveaux souvenirs (la région temporale interne qui contient l'hippocampe et le noyau amygdalien d'après l'observation du malade HM) sont distinctes de celles où se fait le stockage (dans les zones du cortex cérébral où a été traitée l'information initiale).

La mémoire du groupe

L'homme, à la différence d'autres espèces, a inventé des moyens pour conserver des souvenirs ou des connaissances, pour garder des traces de son passé en dehors de lui-même. Grâce au langage et à l'écriture, il arrache en quelque sorte ces traces à leur support biologique pour les rendre accessibles à d'autres individus au-delà de sa propre durée. C'est la mémoire d'un peuple, d'une civilisation, véhiculée par des artefacts : archives, livres, images (photos, tableaux), monuments, ou encore par des traditions orales ou autres.

Il existe une analogie frappante entre cette mémoire culturelle et collective et la mémoire biologique. La première comporte, elle aussi, une différence entre mémoire sémantique et mémoire épisodique. Certains supports (les dictionnaires) sont évidemment des mémoires sémantiques. De même, les documents historiques contribuent à préserver des connaissances se rapportant à des événements datés dans le temps mais appartenant à l'ensemble des individus du groupe. Cette mémoire-là, comme la mémoire sémantique naturelle, reste accessible à quiconque peut consulter ces documents et n'est donc pas soumise à l'oubli. À l'inverse, les faits se rapportant à l'expérience personnelle et à la biographie individuelle des membres du groupe, de la même façon que la mémoire épisodique naturelle, ne résistent pas à l'oubli. Les documents dans lesquels ces faits sont conservés (récits autobiographiques, mémoires, documents personnels) sont fragiles et ne sont le plus souvent accessibles qu'aux seuls spécialistes. Le fil qui les relie à la mémoire collective est ténu. Rares sont les documents de cette nature qui constituent des traces suffisamment durables pour pouvoir accéder au statut de connaissances sémantiques et devenir accessibles à tous, comme la biographie de personnages célèbres, par exemple. En tout état de cause, la dimension collective efface la dimension individuelle. La partie intime de notre expérience échappe aux tentatives de conservation : nos émotions, nos états affectifs, nos sentiments disparaissent avec nous.

Chapitre VI

LE CERVEAU ET LA PENSÉE

La pensée représente le flux de notre activité mentale. De nombreux termes peuvent être utilisés pour décrire l'acte de penser : réfléchir à la solution d'un problème, se préparer à faire un choix et à prendre une décision, envisager et préparer une action complexe, se remémorer un événement ou une personne, telles sont quelques-unes des activités qui constituent la pensée. Ces activités sont conscientes et contrôlées : mais, nous le savons bien, cesser de réfléchir à la solution de tel ou tel problème, soit parce qu'on a été distrait, soit parce qu'on abandonne momentanément cette réflexion, ne signifie pas pour autant que la pensée s'interrompt ; on pourra même être surpris par l'intrusion soudaine de la solution dans notre pensée consciente à un moment où on ne s'y attend pas. C'est une de ces singularités de l'activité mentale que de pouvoir progresser à l'insu du sujet pensant et de ne devenir consciente qu'à certains moments. Pensée et conscience sont donc deux activités disjointes.

Une des formes de la pensée, celle précisément qui s'exerce dans le champ de la conscience, fonctionne sur le mode d'un raisonnement logique qui nous permet de parvenir à la solution d'un problème par déductions successives. Cette forme de pensée est proche du langage dont elle utilise certaines règles. À l'opposé, la pensée peut prendre une autre forme, moins explicite et moins contrôlée, dont nous faisons l'expérience sous la forme de l'intuition. La pensée intuitive fonctionne selon des règles différentes de celles du langage, elle utilise des trajets mentaux qui court-circuitent le raisonnement par déduction et aboutissent, comme nous l'avons vu plus haut, à des solutions qui semblent s'imposer à nous sans que nous puissions en retracer la genèse. Bien que le langage soit capable d'exprimer cette forme de pensée, comme nous le montrent les œuvres des poètes, nous nous approchons là d'une pensée sans mots. Un exemple caractéristique en est la pensée mathématique : qui n'a pas présente à l'esprit l'anecdote du penseur qui réfléchit depuis plusieurs jours sans succès à la démonstration d'un théorème, et qui en trouve la solution d'un seul coup et alors qu'il n'y pense plus !

Nous envisageons ici successivement les mécanismes de ces deux formes de pensée et leurs relations avec le fonctionnement du cerveau.

Pensée et langage

Notre expérience personnelle nous dit que nous pensons souvent avec des mots. Nous utilisons une sorte de langage intérieur pour suivre une idée et progresser dans un raisonnement, comme si nous nous parlions à nous-mêmes. Cette pensée-là, la pensée verbale, fonctionne en alignant des symboles selon une suite de propositions logiques construites comme des phrases. Certains psychologues, pour caractériser ce langage intérieur, ont inventé le terme « mentalais » et ont cherché à y découvrir des règles semblables à celles que nous utilisons dans le langage verbal. Toutefois, même s'ils fonctionnent en étroite association, langage intérieur et langage proprement dit restent des entités distinctes : comme nous le verrons par la suite, des lésions du cerveau peuvent atteindre gravement le langage (rendre impossible la compréhension du langage parlé, par exemple) tout en préservant le langage intérieur.

La pensée verbale repose sur la capacité qu'ont les êtres parlants que nous sommes à pouvoir assembler des mots sous la forme de propositions possédant un sens. Des tests simples qui permettent de mesurer cette capacité sont utilisés en conjonction avec les méthodes de neuro-imagerie qui, comme nous l'avons vu, permettent de visualiser les régions cérébrales qui s'activent lors d'une tâche cognitive. Dans le cas qui nous intéresse ici, ce sont invariablement des zones situées dans l'hémisphère gauche qui se trouvent activées par les tâches verbales. Ce rôle privilégié de l'hémisphère gauche est en fait connu des neurologues depuis près d'un siècle et demi. Des malades présentant une lésion localisée dans la partie frontale de l'hémisphère gauche deviennent incapables d'exprimer leur pensée par des mots. On qualifie cet état pathologique d'« aphasie d'expression ». La région en cause a été appelée « aire de Broca » du nom du savant parisien Paul Broca qui, le premier (en 1860), a attiré l'attention sur cette localisation (Figure 6-1). Certains de ces malades, les plus atteints, ont un vocabulaire réduit à quelques mots ou même seulement à quelques syllabes qu'ils utilisent en réponse aux questions qui leur sont posées. Tout laisse penser par ailleurs qu'ils comprennent le sens des questions (s'il s'agit de phrases simples posées avec des mots courants), mais que le traitement nécessaire à l'assemblage des syllabes en mots et des mots en phrases leur fait défaut. D'autres patients parviennent à utiliser un style « télégraphique » où quelques mots sont assemblés sans pouvoir constituer une phrase grammaticalement correcte. Une autre forme d'aphasie (dite de « compréhension ») est produite par une lésion située, elle, dans la partie supérieure du lobe temporal gauche. La région concernée est appelée « aire de Wernicke » du nom du neurologue allemand Karl Wernicke (Figure 6-1). Les patients qui en sont atteints ont une grande difficulté à comprendre les sons du langage et ne peuvent répondre aux questions qui leur sont posées. En revanche, leur parole est fluide, abondante, souvent marquée par des erreurs (inversion de lettres ou de syllabes) qui peuvent aller jusqu'à constituer une espèce de jargon incompréhensible. Ces tableaux d'aphasie portant sur le langage oral sont d'autant plus frappants que le langage écrit (lecture et écriture) est souvent préservé. Notons enfin que des lésions situées du côté droit dans des régions homologues du cortex ne produisent en général pas de troubles du langage.

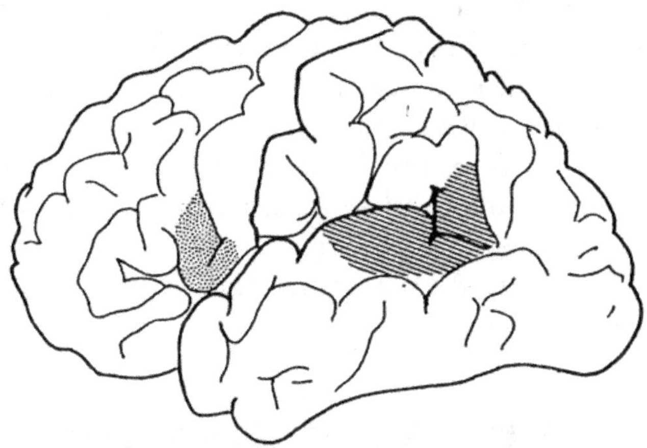

Figure 6-1
Zones du langage dont la destruction produit une aphasie. Elles ont été reportées sur un hémisphère gauche du cerveau humain. La zone marquée avec des pointillés, dans la région frontale inférieure, est la zone de Broca dont la lésion produit une aphasie d'expression. La zone hachurée, dans la partie supérieure et postérieure du lobe temporal, est la zone de Wernicke dont la lésion produit une aphasie de compréhension. D'après Michel Habib et Alberto Galaburda dans X. Seron et M. Jeannerod, Neuropsychologie humaine, *Liège, Mardaga, 1994.*

L'observation des patients porteurs de troubles du langage laisse penser que l'organisation cérébrale du langage repose sur un mécanisme bipolaire : en avant, dans le lobe frontal (dans l'aire de Broca), se trouvent des régions spécialisées dans l'expression, la production du langage, c'est-à-dire, pour l'essentiel, la partie motrice du mécanisme ; en arrière, se trouvent des régions spécialisées dans la compréhension, la réception des messages, c'est-à-dire la partie sensorielle du mécanisme. Le problème est loin d'être aussi simple. Revenons aux résultats des études de neuro-imagerie chez le sujet normal. Ces études montrent que l'aire de Broca ne s'active pas seulement lors de la prononciation de mots : elle s'active aussi lors de leur évocation silencieuse, par exemple lorsqu'on présente au sujet des noms d'objet à chacun desquels on lui demande d'associer silencieusement un verbe (stylo : écrire ; pomme : manger, etc.). De même, l'aire de Broca est activée dans des épreuves nécessitant de conserver en mémoire de travail des informations sur la forme des mots (détecter ceux où ils entendent le son/b/précédé du son/d/), ou encore de traiter des phrases grammaticalement complexes (Figure 6-2).

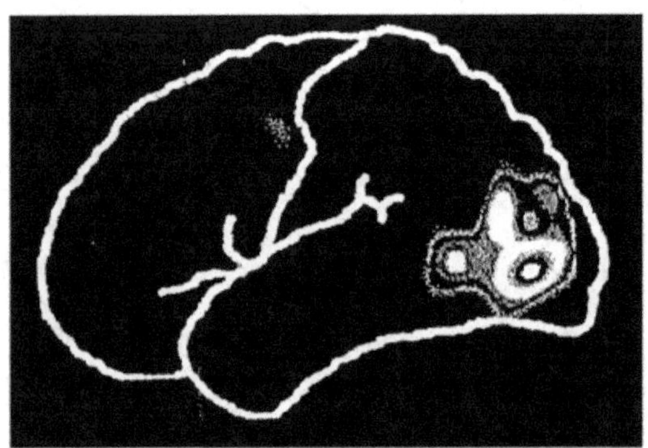

Lire

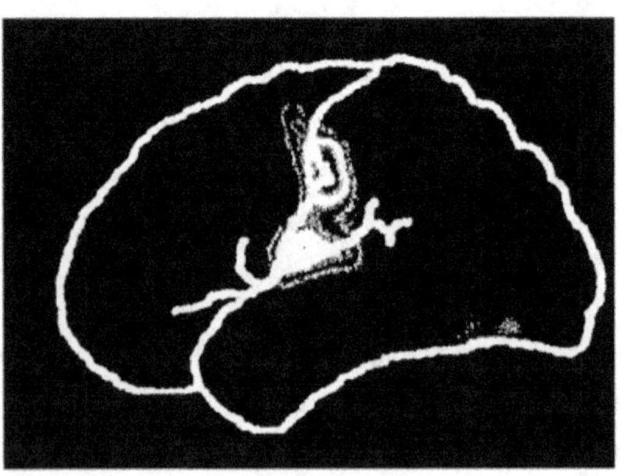

Parler

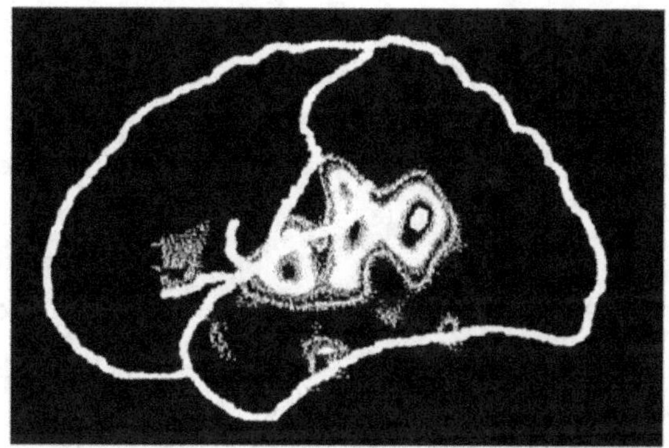

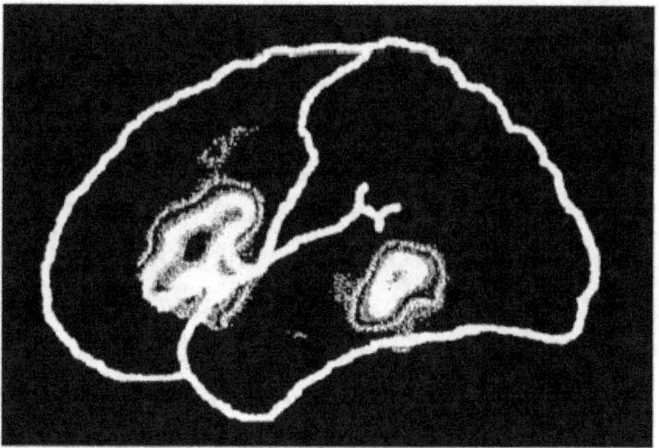

FIGURE 6-2
*Images d'activation de l'hémisphère gauche obtenues avec la méthode de tomographie par émission de positons (TEP) au cours de tâches langagières. Au cours de la lecture de mots écrits, la région du lobe occipital s'active ; au cours de l'audition de mots, l'activation se trouve localisée dans le lobe temporal, y compris dans la zone de Wernicke ; au cours de l'élocution, la zone activée concerne surtout la région du cortex moteur et une parie de la zone de Broca ; enfin, au cours de l'évocation mentale de mots, la zone de Broca et une région temporale sont activées.
D'après M. I. Posner et M. E. Raichle,* Images of mind, *New York, Scientific American Library, 1994.*

Quant à l'aire de Wernicke, située près de la région auditive primaire où se fait la réception des sons, elle traite préférentiellement les syllabes. Mais son rôle ne se limite pas au traitement sensoriel, il s'étend à la détection du sens des mots et du message en général. Étudiée en neuro-imagerie, cette aire postérieure s'active lors de tâches dites « sémantiques » : une de ces tâches consiste à déterminer si des noms d'objets correspondent à des objets naturels (cheval, moineau, pomme) ou à des artefacts (chaise, voiture, chapeau). Une autre tâche consiste, à partir d'un mot (oiseau), à dresser la liste de tous ceux qui appartiennent à la catégorie sémantique correspondante. Ces tâches révèlent que l'aire de Wernicke est impliquée dans le traitement sémantique, quelle que soit la modalité de présentation des objets : sous la forme de mots prononcés oralement, de mots écrits, ou encore sous la forme d'images.

La spécialisation de l'hémisphère gauche dans le langage a longtemps constitué une énigme. Ce n'est que cent ans après les premières découvertes sur l'aphasie que des travaux anatomiques (réalisés sur des cerveaux de sujets adultes décédés de cause non neurologique) ont montré que les deux hémisphères cérébraux ne sont pas identiques. Des différences notables entre le côté droit et le côté gauche sont visibles dans plusieurs régions du cortex. La plus remarquable de ces différences s'observe dans la partie supérieure du lobe temporal (le plan temporal) qui est nettement plus étendue à gauche qu'à droite. L'asymétrie du plan temporal au profit du côté gauche est retrouvée dans plus de 70 % des cerveaux examinés. Cette région, comme nous venons de le voir, correspond à une des zones critiques de l'hémisphère gauche dont la lésion provoque une aphasie. Nous reparlerons de cette spécialisation de l'hémisphère gauche plus loin dans ce chapitre, dans le paragraphe consacré à la dualité hémisphérique.

Ainsi, les données de la neurologie, de la neuro-imagerie et finalement de l'anatomie convergent pour faire de l'hémisphère gauche le cerveau du langage. Cette conclusion ne doit pas faire oublier l'existence de différences individuelles. La spécialisation de l'hémisphère gauche va en général de pair avec la droiterie manuelle : un droitier a plus de chances d'avoir son hémisphère gauche dominant pour le langage qu'un gaucher. Toutefois, le neurochirurgien, avant une intervention sur un hémisphère cérébral, a besoin d'une certitude sur la latéralisation cérébrale de son patient. On pratique alors un test qui consiste à injecter une petite dose de barbiturique dans l'artère carotide interne (celle qui irrigue le cerveau) de chaque côté : l'injection provoque une aphasie transitoire pendant quelques dizaines de secondes lorsqu'elle est pratiquée du côté dominant.

La pensée non verbale

Le langage n'est pas le véhicule unique de la pensée. Les patients porteurs de déficits sévères du langage à la suite de lésions de leur hémisphère gauche ne présentent pas de trouble global de la pensée : seule la pensée verbale semble atteinte, tandis que leur pensée logique ou leur pensée spatiale sont intactes. Par ailleurs, assimiler la pensée au langage aurait pour conséquence de dénier l'exercice de la pensée à des créatures non verbales, en particulier aux enfants au stade prélinguistique.

Chacun de nous, comme on l'a vu à propos de l'intuition, utilise des modes de penser non verbaux, de façon complémentaire avec la pensée verbale. On ne pense pas qu'en mots, on pense aussi en images. Penser l'espace (chercher son itinéraire, se représenter une forme en trois dimensions, évoquer un visage connu, reconnaître une scène visuelle complexe sont des activités mentales qui ne s'expriment pas aisément par la voie verbale. La pensée devient alors plus proche de la perception, des images nous viennent à l'esprit, aussi bien d'ailleurs sous l'influence de la volonté que spontanément.

De la même façon que la pensée verbale utilise l'assemblage de mots du lexique en utilisant les règles de la syntaxe, la pensée imagée travaille sur des images assemblées à partir de la mémoire. Elle utilise des connaissances stockées dans la mémoire sémantique comme dans la mémoire épisodique, mais auxquelles on peut difficilement avoir accès par la voie verbale, comme nous l'avons déjà dit dans le chapitre sur la mémoire. Pour donner une réponse à une question du type « l'ours a-t-il des oreilles rondes ou pointues ? », chacun a recours à la représentation imagée d'un ours, sur laquelle on vérifie la forme des oreilles : très peu d'entre nous ont une connaissance déclarative de la forme des oreilles d'un ours. De même, pour décrire la topographie de ma chambre (« mon lit est-il placé à gauche ou à droite de la porte ? »), je n'ai pas d'autre moyen que de me la représenter sous la forme d'une image où je peux trouver mon lit et les autres éléments du mobilier. Il s'agit dans ces exemples de connaissances acquises par l'expérience visuelle et qui ne sont pas stockées sous la forme d'une description verbale. Il existe d'ailleurs une typologie individuelle des formes de la pensée, certains sujets imaginant mieux que d'autres ou étant davantage « visuels ».

La psychologie cognitive a révélé que les images mentales se comportent un peu comme des objets rigides que l'on peut manipuler et sur lesquels on peut opérer des transformations spatiales : c'est ce que démontre l'expérience classique de la rotation mentale. Imaginez une forme quelconque en trois dimensions présentée sur un écran d'ordinateur. À côté d'elle se trouve une autre forme, semblable à la première, mais présentée sous un angle différent. On demande au sujet de les comparer et de répondre à la question : « Ces deux formes sont-elles identiques ou différentes ? » Le temps mis pour donner la réponse varie en fonction de l'angle qui sépare les deux présentations : plus l'angle est important, plus la réponse est tardive. L'explication proposée pour ce phénomène est que le sujet doit effectuer mentalement une rotation de la forme inclinée jusqu'à ce qu'elle ait la même orientation que l'autre et que la comparaison entre les deux devienne possible (Figure 6-3). Tout se passe comme s'il s'agissait du déplacement manuel d'un objet réel : c'est une opération qui prendrait un certain temps puisqu'elle devrait respecter la configuration et la rigidité de l'objet. On peut penser que nous utilisons couramment ce genre d'opération mentale chaque fois que nous évaluons ou comparons des objets.

L'utilisation des techniques de neuro-imagerie chez des sujets normaux permet de répondre à plusieurs questions posées par les images mentales. L'une d'elles concerne les relations entre imagerie et perception.

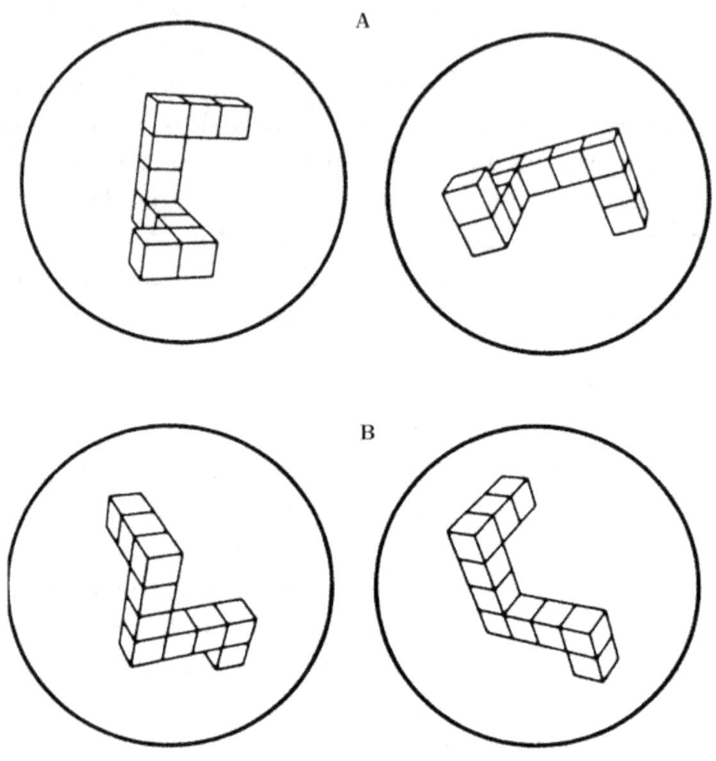

FIGURE 6-3
Objets tridimensionnels virtuels utilisés pour tester les capacités d'imagerie mentale. Les objets de gauche servent de références auxquelles sont comparés ceux de droite. En haut, l'objet de droite est incliné de 60° par rapport à l'objet de référence dans le plan de la figure. En bas, il est incliné de 60° par rapport à l'objet de référence dans la profondeur. Dans les deux cas, il est nécessaire de réaliser une rotation mentale de l'objet de droite pour pouvoir déterminer s'il est identique ou non à l'objet de référence.
D'après R.N. Shepard, in *J. Mehler et al.,* Perspectives on mental representation, *Hillsdale, Erlbaum, 1982.*

Certains auteurs ont observé que les zones cérébrales impliquées dans le processus d'imagerie mentale sont les mêmes que celles qui sont utilisées lors de la perception : ce sont les aires visuelles les plus bas situées dans le traitement de l'information (aire 17) qui sont activées, comme si l'objet ou la scène représentés étaient effectivement présents. On pourrait déduire de ces résultats que l'imagerie nécessite de repasser par les zones de la perception visuelle pour créer l'impression de voir une image et que la simple extraction des connaissances correspondantes stockées en mémoire ne suffirait pas pour se représenter l'objet ou la scène. Il serait en quelque sorte nécessaire de « reformater » les connaissances visuelles mémorisées pour leur donner l'apparence de l'image qui a été réellement vue. D'autres auteurs, au contraire, pensent que les zones de la perception visuelle ne sont pas impliquées lors de l'imagination. Pour eux, les zones primaires du cortex ont pour rôle d'extraire des caractéristiques de bas niveau de l'information visuelle (comme les contours ou la couleur) et ne sont donc activées que lors du traitement de l'information visuelle à l'entrée dans le cortex, mais pas lors du rappel. Les régions activées par l'imagerie visuelle seraient plutôt distribuées dans un réseau constitué de régions associatives (à la jonction entre les lobes pariétal, occipital et temporal), préférentiellement localisées dans l'hémisphère droit et intervenant dans le traitement sémantique de l'information visuelle.

L'observation de patients porteurs de lésions du cerveau apporte d'autres éléments pour comprendre le phénomène de l'imagerie mentale. Certains patients, en général porteurs d'une lésion de l'hémisphère droit (dans la région du lobe pariétal) éprouvent des difficultés à diriger leur attention vers ce qui se trouve dans la moitié gauche de leur espace visuel. Cette condition pathologique, que l'on désigne sous le nom de « négligence spatiale unilatérale », ne constitue pas un déficit de la vision. À la différence des patients porteurs d'une lésion du lobe occipital d'un côté et qui ont perdu la vision de l'espace du côté opposé (ce qu'on appelle une « hémianopsie »), les patients présentant une négligence spatiale continuent de voir les objets situés sur leur gauche : ils n'y sont simplement plus attentifs (Figure 6-4). Le point important pour notre discussion de l'imagerie mentale est que cette inattention atteint aussi l'espace représenté, et pas seulement l'espace perçu. Si l'on demande à l'un de ces patients de dessiner de mémoire une fleur, il en oublie systématiquement la partie gauche ; si on lui demande de se former une image mentale d'un espace qu'il connaît bien (dans la première étude consacrée à ce phénomène, il s'agissait de la place de la cathédrale à Milan) et de décrire ce qu'il voit dans son image mentale, on constate qu'il ne peut se représenter que la moitié droite de cet espace. Cela ne signifie pas pour autant que le patient a oublié la moitié gauche de la place de la cathédrale : si, en effet, on lui demande de s'imaginer la même place en tournant le dos à la cathédrale, il voit cette fois la moitié gauche et semble ignorer la moitié droite qu'il voyait précédemment. Ce résultat montre bien que les images mentales sont conditionnées par le fonctionnement de certaines régions du cerveau : ces images ne sont pas des représentations abstraites de la réalité, ce sont, comme nous l'avons déjà dit, des objets dont la forme et l'étendue sont déterminées par la région

FIGURE 6-4
Représentation d'une fleur dessinée de mémoire chez un patient présentant une négligence pour l'espace gauche à la suite d'une lésion du cortex pariétal droit. Lorsqu'on demande au patient de dessiner une fleur, il a tendance à oublier ou négliger la partie gauche du dessin. Cette négligence s'étend à la moitié gauche de l'espace lorsque le sujet doit décrire une scène, ou agir en direction du monde visuel. Elle peut également s'étendre à la moitié gauche du corps.

cérébrale activée lors de leur formation. Dans le cas pathologique qui nous occupe ici, l'image de l'espace est amputée de sa moitié gauche par la lésion et cette amputation se manifeste par une perte de la représentation du côté gauche de l'espace pour le sujet.

Chez d'autres patients, perception de la réalité et imagerie mentale peuvent être dissociées. Une lésion de la région entre lobe occipital et lobe temporal peut rendre le patient « agnosique » pour les formes visuelles : il ne peut reconnaître les objets au moyen de la vue. Certains de ces patients restent toutefois capables de se représenter ces mêmes objets qu'ils ne reconnaissent pas, comme en témoigne le fait qu'ils sont capables de les dessiner de mémoire. À l'inverse, d'autres patients peuvent perdre toute capacité de se représenter un objet sous la forme d'une image mentale, alors que leur perception visuelle reste normale. On pourrait conclure de ces exemples qu'il existe plusieurs voies d'accès à la représentation d'un objet visuel, la voie d'accès par la perception et la voie d'accès par l'imagination. La lésion peut couper l'une des deux voies en laissant l'autre intacte.

Les lésions qui provoquent des troubles de la pensée spatiale, comme nous en avons vu plusieurs exemples, sont localisées de préférence dans l'hémisphère droit. La désorientation dans le temps et dans l'espace, l'impossibilité à déchiffrer une carte ou un plan, la difficulté à déterminer la position d'un objet par rapport à un autre, sont des problèmes couramment rencontrés par les patients présentant ce type de lésion.

La coexistence de deux modes de pensée, la pensée langagière et la pensée imagée, suggère fortement que la pensée n'est pas liée au langage et, par conséquent, qu'elle n'est pas réservée aux êtres dotés de langage. Les nouveau-nés, quand on sait les examiner, se révèlent capables d'opérations complexes (rassembler des objets en catégories, abstraire l'existence d'un objet devenu momentanément invisible, anticiper la survenue d'un objet dans une succession logique) qui traduisent un fonctionnement mental semblable à celui d'un adulte ayant acquis la pleine possession du langage. Chez le singe, des expériences ont révélé que les neurones du cortex frontal peuvent devenir capables (après un long entraînement) de stocker et de manipuler des données en mémoire de travail. L'activité de ces neurones témoigne en effet d'une mise en mémoire de l'ordre de présentation de points lumineux apparaissant brièvement sur un écran, en vue de reproduire ensuite cette séquence avec un mouvement de la main. On peut en déduire que l'animal utilise cette information que lui donne son lobe frontal pour planifier son action, tout en pensant à la récompense qu'il obtiendra si la séquence a été reproduite correctement.

Pensée et spécialisation des hémisphères cérébraux

Les études qui ont fait l'objet du début de ce chapitre nous ont montré à l'évidence que les deux hémisphères cérébraux ne jouent pas le même rôle. Pour s'en tenir aux effets des lésions, nous avons vu que celles qui affectent l'hémisphère gauche ont un retentissement sur les fonctions du langage, tandis que celles qui touchent l'hémisphère droit affectent de préférence la représentation de l'espace. La neuro-imagerie, dans une certaine mesure, confirme cette spécialisation des hémisphères cérébraux qui ressort des données de la pathologie.

Il existe une source supplémentaire d'informations sur les fonctions complémentaires des deux hémisphères cérébraux : ce sont les observations réalisées au début des années 1960 chez un groupe de sujets vivant en Californie et qui avaient subi une section chirurgicale du corps calleux. Le corps calleux, on s'en souvient, est la grosse commissure qui contient les fibres d'association unissant les deux hémisphères. Les neurochirurgiens californiens avaient préconisé la section du corps calleux pour des cas d'épilepsie* rebelle aux autres formes de traitement : le fait, pensaient-ils, de déconnecter l'un de l'autre les deux hémisphères cérébraux devait empêcher la diffusion des décharges épileptiques à l'ensemble du cerveau et diminuer la gravité des crises. Cette opération, outre ses effets bénéfiques sur l'état des patients, avait réalisé une situation inédite : il devenait possible d'observer l'activité d'un seul hémisphère à la fois, chose impossible chez un sujet normal où une information parvenue dans un hémisphère se diffuse de l'autre côté en quelques millisecondes. Quand le corps calleux est sectionné, l'organisation anatomique des voies nerveuses d'entrée dans un hémisphère et de sortie vers les organes effecteurs permet de présenter un stimulus à un seul hémisphère et d'enregistrer sa réponse : les stimulations présentées dans la partie latérale du champ visuel gagnent le cortex visuel de l'hémisphère du côté opposé, tandis que le cortex moteur de cet hémisphère contrôle les mouvements des doigts du côté opposé (Figure 6-5).

Les malades à cerveau dédoublé ont ainsi fourni une moisson abondante de données montrant que les deux hémisphères ne remplissent pas les mêmes fonctions, même si, à l'état normal, compte tenu de l'abondance des liaisons qui les unissent, ils collaborent l'un avec l'autre et travaillent très rarement de façon isolée. Ces travaux ont d'abord confirmé la suprématie de l'hémisphère gauche pour ce qui concerne le langage ; ils ont aussi mis en évidence le rôle de l'hémisphère droit, longtemps

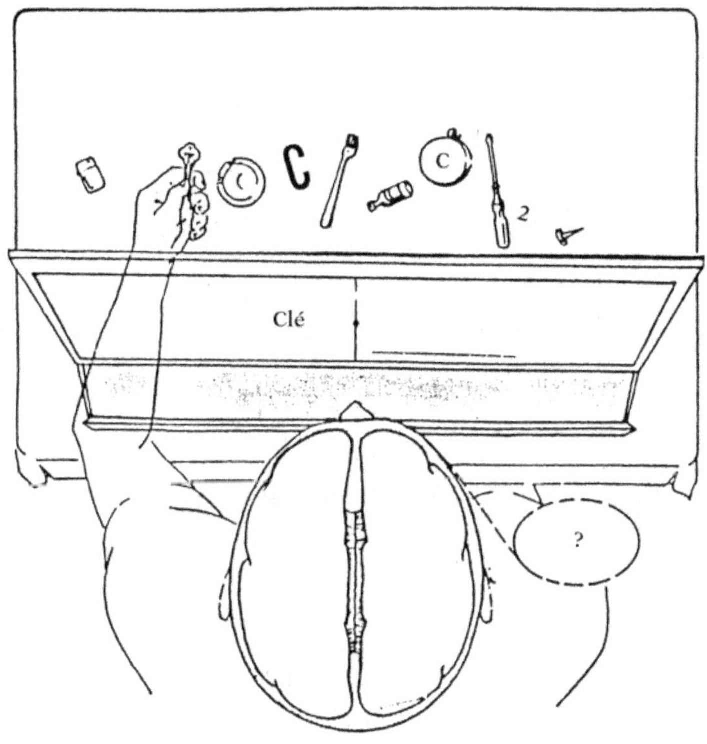

FIGURE 6-5

Expérience démontrant la dualité hémisphérique chez un sujet présentant une section du corps calleux. Le sujet fixe la partie centrale de l'écran. Un mot (clé) est brièvement présenté dans la partie gauche de son champ visuel. Ce mot est décodé par l'hémisphère droit. Lorsqu'on demande au sujet de dire le mot qui vient de lui être présenté, il en est incapable, ce qui démontre l'incompétence linguistique de l'hémisphère droit. Toutefois, l'hémisphère droit est capable de reconnaître la forme du mot : en effet, lorsque le patient doit, avec sa main gauche (commandée par l'hémisphère droit), retrouver la clé parmi d'autres objets cachés à sa vue, il y parvient sans difficulté. Ces expériences sont dues au neurobiologiste américain Roger Sperry. (D'après M. S. Gazzaniga and R. W. Sperry, Brain 1967, 90 : 131-148) considéré comme un passager silencieux, dans la représentation de l'espace et l'organisation du comportement spatial, dans la reconnaissance et l'expression des émotions. L'opposition entre l'hémisphère gauche, hémisphère parlant utilisant un mode de traitement symbolique et séquentiel de l'information, et l'hémisphère droit, hémisphère silencieux et intuitif, utilisant un mode de traitement global et synthétique, reste cependant une vue de l'esprit qui ne vaut que pour la situation exceptionnelle créée par la section du corps calleux. Chez le sujet normal, la collaboration entre les deux hémisphères est totale.

Pensée et mémoire organisent notre comportement.
Le rôle du lobe frontal

Le lobe frontal du cerveau représente le tiers de la masse corticale chez l'homme. Il aura fallu cependant attendre la fin des années 1930 pour commencer à comprendre son rôle dans le fonctionnement de la pensée. Une des raisons de ce délai est que la lésion, même étendue, de cette région ne provoque pas de symptômes aussi apparents que la lésion d'autres parties du cortex. Un cas fameux, celui de l'ouvrier américain Phineas Gage, victime d'un accident de chantier qui avait détruit ses deux lobes frontaux, avait attiré l'attention des neurologues sur un ensemble de modifications du comportement qui constituent ce qu'on appelle maintenant le « syndrome frontal ». Après son accident, Phineas Gage ne présenta aucun déficit moteur ni perceptif, ni de troubles du langage : le seul problème apparent était que cet homme sérieux et appliqué était devenu un homme instable et blagueur, incapable d'organiser son travail et qui, de surcroît, ne respectait plus la hiérarchie sociale. Depuis, nos connaissances sur le rôle du lobe frontal ont progressé, grâce à des travaux menés aussi bien chez le singe que chez l'homme. Les travaux chez le singe nous ont appris que le lobe frontal, loin d'être une masse indifférenciée, présente au contraire des subdivisions intervenant dans des fonctions différentes : dans l'une d'elles, les neurones s'activent dans des tâches de mémoire à court terme ; dans d'autres zones, ils s'activent lors de la présentation d'un objet nouveau, etc. Chez le patient porteur de lésions plus ou moins étendues du lobe frontal, on tente de quantifier ces mêmes fonctions élémentaires à l'aide de tests que nous décrirons plus loin[1].

Prenons d'abord, pour comprendre le rôle du lobe frontal, des exemples tirés de situations concrètes de la vie courante. On demande au patient de réaliser une action familière qui comporte plusieurs étapes devant s'enchaîner dans un certain ordre : il peut s'agir, par exemple, de l'envoyer faire les courses pour acheter les ingrédients nécessaires à la confection d'une tarte aux pommes. Le patient sera libre d'organiser son parcours, mais devra cependant respecter certaines règles, comme ne pas entrer deux fois dans le même magasin. Si on note tous les détails de son comportement, on s'aperçoit qu'il commet des erreurs dans la séquence des achats, oublie des étapes, enfreint les règles. C'est donc lorsqu'il est nécessaire d'organiser le comportement, de planifier une

---

1. Marc Jeannerod, *De la physiologie mentale. Histoire des relations entre biologie et psychologie*, Paris, Odile Jacob, 1997.

action et d'anticiper ses effets qu'apparaissent ses principales difficultés. D'autres situations encore plus complexes montreraient des difficultés du même ordre pour la prise de décision, pour le calcul des avantages et des inconvénients de tel ou tel acte par rapport à un autre. Les lobes frontaux interviennent donc dans ce qu'on pourrait appeler l'« opérationnalisation » de la pensée, la transformation de la pensée en actes possédant un sens et dirigés vers un but. On imagine bien à quel point l'altération de cette capacité peut devenir invalidante et retentir sur l'adaptation d'un patient aux situations de la vie courante. Ce type de déficit peut apparaître au cours de l'évolution de maladies dégénératives graves comme la démence d'Alzheimer* où les lobes frontaux, parmi d'autres structures, sont atteints.

Des tests de laboratoire utilisés en clinique permettent de déterminer plus finement les opérations élémentaires qui font défaut aux patients porteurs de lésions frontales. L'un de ces tests est celui dit de la « tour de Londres ». Des anneaux de différentes tailles et de différentes couleurs enfilés sur des tiges doivent être déplacés selon un modèle, sachant qu'un seul anneau peut être déplacé à la fois (Figure 6-6). Ce test met à l'épreuve la mémoire de travail : conservation d'un modèle en mémoire, réalisation d'étapes intermédiaires pour parvenir au but, etc. Un autre test consiste à apparier des cartes selon une règle. Chaque carte comporte de un à quatre symboles caractérisés par leur forme et leur couleur. Un alignement de trois cartes est présenté au patient qui doit découvrir la règle d'appariement (nombre, couleur ou forme) en complétant la série par une quatrième carte. La règle change fréquemment et le patient doit s'adapter à chaque

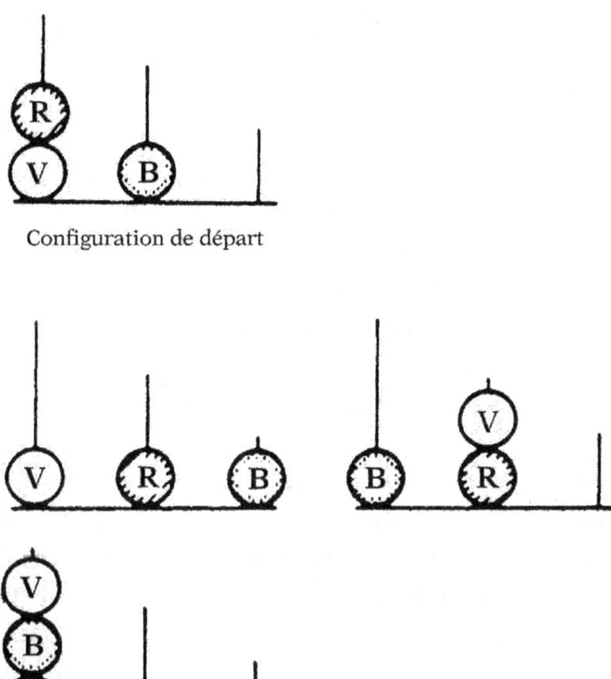

FIGURE 6-6
Le test de la tour de Londres utilisé pour évaluer les troubles dus aux lésions du lobe frontal. Un boulier comportant trois boules disposées dans une certaine configuration (en haut) est présenté au sujet. Il doit obtenir une des configurations placées en dessous en ne déplaçant qu'une boule à la fois. La configuration de gauche s'obtient en deux coups, celle de droite en quatre coups, la troisième en six coups. Les patients présentant des troubles de la mémoire de travail et de la planification de l'action échouent à ce genre de test.

nouvelle situation. Il s'agit donc d'un test qui nécessite l'extraction d'une règle, la mise en mémoire de cette règle et son effacement au profit d'une autre. Les patients frontaux se montrent très déficitaires dans ce genre d'épreuves qui sollicitent les fonctions cognitives impliquées dans l'anticipation, la création d'intentions, la formation de plans et de programmes pour les actions futures, fonctions qui toutes nécessitent l'intervention de la mémoire de travail. Ces déficits avaient échappé aux premiers investigateurs qui recherchaient des troubles de l'intelligence chez les patients porteurs de lésions frontales. Le genre de déficit que nous décrivons ici échappe à la mesure du QI qui ne peut révéler qu'une atteinte globale des fonctions intellectuelles. L'intelligence au sens courant n'est en général pas atteinte chez ce genre de patients.

Enfin, la neuro-imagerie apporte ici encore une contribution essentielle, dans la mesure où elle peut être utilisée chez des sujets normaux. Elle permet de délimiter les réseaux nerveux qui s'activent dans les tâches cognitives qui mettent en jeu la mémoire de travail ou le raisonnement. Dans le cas du raisonnement, on observe que le réseau est différent selon la modalité logique que le sujet utilise pour résoudre le problème posé, selon qu'il s'agit d'un jugement de relation entre deux propositions, d'un syllogisme, etc.

Pensée et affectivité

On prétend parfois que le cerveau cognitif paraît détaché du corps, qu'il donne l'impression de pouvoir fonctionner comme une machine traitant de l'information en appliquant des règles abstraites. En réalité, le traitement des émotions et des affects par le cerveau émotionnel retentit sur le traitement des connaissances par le cerveau cognitif. Les émotions tendent à influencer les activités les plus rationnelles, comme les théories scientifiques par exemple, sans parler de domaines où la contribution de la passion est essentielle, ceux de l'art et de la création[1].

Nous avons fait allusion plus haut à la parcellisation anatomique du cortex des lobes frontaux en plusieurs zones possédant des fonctions distinctes. Les effets des lésions frontales dépendent en effet de leur topographie. Les lésions de la région dorsale et latérale produisent les déficits intellectuels tels que nous venons de les décrire. En revanche, les lésions de la région ventrale et médiane sont à l'origine de troubles de l'expression et de la reconnaissance des émotions. Les patients porteurs de ces lésions présentent un tableau fait de passivité émotive, d'absence d'expressions faciales, d'incapacité à communiquer avec les autres. Dans d'autres cas, comme celui de Phineas Gage, c'est le tableau inverse qui domine : exaltation du tonus affectif, mobilité des émotions et des idées, jovialité, perte du tact et des convenances sociales.

Ces patients éprouvent de grandes difficultés lorsqu'ils doivent prendre des décisions rationnelles ou réguler leur comportement dans une situation sociale. Placés dans une situation de jeu où ils risquent soit de gagner, soit de perdre, ils se comportent de façon neutre, ne semblant éprouver ni joie ni déception. Cette absence de coloration affective de leurs décisions fait qu'ils ne peuvent pas en évaluer les conséquences (positives et négatives) et qu'ils les prennent souvent à l'encontre de

---

1. Antonio Damasio, *L'Erreur de Descartes*, Paris, Odile Jacob, 1995.

leurs propres intérêts. Dans une autre pathologie, la dépression grave dont nous avons déjà parlé dans un chapitre précédent, on observe fréquemment, en plus des troubles de l'humeur, des troubles cognitifs : la mémoire de travail, la prise de décision, la capacité de résoudre un problème, l'incitation à agir sont altérées. Nos capacités intellectuelles sont donc en permanence influencées par notre état affectif. Ce couplage entre processus affectifs et cognitifs fait intervenir un vaste réseau cortical qui inclut les régions préfrontales et limbiques. Ce réseau peut être mis en évidence par une expérience de neuro-imagerie chez des sujets normaux : on leur demande de réaliser une épreuve de mémoire de travail où ils doivent déterminer si l'information qu'on leur présente est identique ou non à une autre information présentée antérieurement. La réussite à cette épreuve entraîne une récompense monétaire plus ou moins importante. Lorsque le sujet sait que la récompense risque d'être importante, on constate que les régions préfrontales impliquées dans la mémoire de travail sont plus fortement activées, tandis que les régions impliquées dans le traitement affectif sont au contraire désactivées. En d'autres termes, la connaissance anticipée du plaisir que peut procurer une action renforce les capacités de traitement rationnel et inhibe temporairement l'activité affective.

L'implication très forte des lobes frontaux dans l'activité mentale et affective a suggéré l'idée d'intervenir sur leur fonctionnement à des fins thérapeutiques. De nombreuses opérations (les lobotomies préfrontales) furent pratiquées entre 1935 et 1954, surtout aux États-Unis, chez des patients présentant des troubles graves du comportement (en particulier des patients schizophrènes, dépressifs chroniques, présentant des névroses obsessionnelles). À partir de 1954, l'avènement des médicaments psychotropes entraîna le déclin de cette « psycho-chirurgie ». Actuellement, dans le cadre de la neurochirurgie fonctionnelle, on pratique des lésions très limitées de la région de l'amygdale ou des voies unissant l'amygdale aux lobes frontaux. Appliquées à des cas graves résistant aux autres traitements, ces opérations permettent de soulager les patients.

Pensée et conscience de soi

Nous avons parlé au début de ce chapitre du caractère souvent implicite ou inconscient des processus de la pensée. Beaucoup de processus intellectuels ou affectifs complexes se déroulent à notre insu, des décisions sont prises en dehors de toute délibération consciente. Toutefois, je n'ai pas de peine à reconnaître ces processus et ces décisions comme les miens. Mon cerveau intervient sans me consulter dans mes choix ou mes goûts, mais cette intervention ne me surprend pas : mon cerveau me connaît, façonné qu'il est par mon histoire et mon expérience, et ses décisions sont les miennes.

Mais comment se fait-il que nous reconnaissions ces pensées et ces intentions comme les nôtres si nous n'en contrôlons pas consciemment l'origine ? Cette impression que nous avons d'en être les maîtres ne serait-elle qu'illusion ? Une solution possible de ce problème épineux peut nous être donnée par la neuro-imagerie. Lorsqu'une action se réalise de façon endogène, le réseau cérébral correspondant se distingue nettement de celui d'une action qui nous est imposée de l'extérieur : en particulier, le cortex préfrontal dorsal et latéral n'est activé que dans le cas de l'action endogène. On peut donc penser que cette activation constitue pour nous un signal qui nous indique l'origine de l'intention qui a déclenché l'action et nous permet de nous l'attribuer à nous-mêmes sans erreur. Cette information nous renvoie en quelque sorte une image de nous-mêmes que nous pouvons comparer à l'action effectivement réalisée. La concordance entre le but fixé par l'intention et le but effectivement atteint consolide notre moi intime et nous permet de prendre conscience de nous-mêmes. En revanche, dans le cas d'une action en réponse à une stimulation sensorielle, l'intention reste extérieure à nous et ne nous procure pas d'information sur nous-mêmes.

Ce mécanisme de confrontation entre intention et action, source de connaissance et de conscience de soi, est un processus fragile. Certaines maladies de l'esprit, comme la schizophrénie, le mettent en échec. La schizophrénie est, au moins en partie, une maladie de l'attribution de la pensée à son auteur. Les patients schizophrènes rapportent souvent l'expérience qu'ils ont d'entendre des voix qui s'adressent à eux, les injurient, leur donnent des ordres. Ces hallucinations verbales sont en fait une fausse perception de leur propre langage intérieur, de leur propre pensée qu'ils attribuent de manière erronée à un agent extérieur : leur histoire personnelle nourrit un délire qui fait de cette voix celle d'un persécuteur ou d'une divinité qui s'adresse à eux.

Lorsqu'on enregistre l'activité cérébrale chez de tels patients présentant des hallucinations verbales (au moyen des méthodes de la neuro-imagerie), on observe que les régions réceptrices de l'audition, situées comme nous l'avons vu dans le lobe temporal, sont fortement activées (voir chapitre II), comme si le patient « entendait » effectivement des sons lui parvenant du monde extérieur. Chez le sujet sain, cette région du cortex est normalement silencieuse pendant le langage intérieur, alors qu'au contraire les lobes frontaux sont le siège d'une activité importante. On peut en déduire que les régions préfrontales exercent une inhibition sur le cortex temporal (ainsi que sur d'autres régions du cortex, comme les régions pariétales) afin d'isoler la pensée de l'extérieur et de préserver l'intimité de notre vie mentale. Chez le patient schizophrène, le fonctionnement du lobe frontal est imparfait, et cette inhibition ne s'exerce pas : le langage intérieur est perçu comme un langage venu du dehors, et donc automatiquement attribué à une personne étrangère.

Ces considérations, bien entendu, n'épuisent pas tout le phénomène de la schizophrénie. Elles permettent cependant de démystifier certaines de ses manifestations en les rattachant à des mécanismes cognitifs et cérébraux identifiables. On peut espérer que d'autres aspects de cette maladie trouveront un jour leur explication dans d'autres mécanismes semblables.

Chapitre VII

LE CERVEAU SOCIAL

L'homme vit en groupe, c'est-à-dire parmi d'autres individus avec lesquels il interagit. Entre eux doit s'instaurer une communication fondée sur des signaux interprétables de part et d'autre. La question de savoir comment nous comprenons les signaux que nous adressent nos congénères et comment ils comprennent ceux que nous leur adressons est donc une question clé pour aborder la constitution de notre être social.

Les signaux que nous échangeons avec les autres sont de plusieurs sortes. Certains sont explicites : par le langage, nous exprimons des désirs ou des ordres, nous transmettons des informations et des connaissances. D'autres signaux, cependant, peut-être les plus nombreux, sont de nature plus implicite et donc moins aisément déchiffrables. Par les expressions de notre visage, par nos attitudes et nos gestes, nous communiquons des sentiments, des intentions, en un mot, des états d'esprit. À l'inverse, nous cherchons en permanence, par l'observation des autres, à pénétrer leurs pensées intimes, leurs affects et leurs émotions. Cette communication intersubjective (de sujet à sujet) passe, comme nous le verrons, par des représentations mentales de l'autre que nous construisons à l'intérieur de nous-mêmes. Un des objectifs de ce chapitre est d'analyser les mécanismes cérébraux qui nous permettent de comprendre les signaux sociaux que nous adressent nos congénères. Notre capacité à détecter les intentions et les actions d'autrui opère à partir d'une forme particulière de perception, différente semble-t-il de celle des autres signaux qui nous parviennent du monde extérieur.

La perception des mouvements biologiques

Examinons d'abord ce qui nous permet de différencier un mouvement biologique, produit par un être vivant, d'un mouvement dû à des forces purement physiques. Le mouvement biologique, rappelons-le, est en général dirigé vers un but, il traduit l'intention de son auteur. À l'inverse, le mouvement mécanique n'a pas de but. Le mouvement biologique ralentit à proximité de sa cible, ce que ne fait pas un mobile quelconque résultant d'une impulsion mécanique ; il réduit sa vitesse lorsqu'il change de direction, ce que ne fait pas une balle qui rebondit ; il présente des corrections de trajectoire pour optimiser sa précision, ce que ne fait pas le projectile.

Ces caractéristiques sont le reflet de la nature contrôlée du mouvement biologique. En d'autres termes, elles expriment le fait qu'il est produit par un système qui gère des buts, des programmes d'action, et pas seulement des déplacements.

La détection de ces caractéristiques est un phénomène très robuste : nous pouvons par exemple identifier des actions complexes produites par un sujet humain à partir d'un très petit nombre d'indices. Imaginons un personnage invisible (dans le noir), équipé de points lumineux au niveau des principales articulations de son corps. Tant qu'il reste immobile, nous ne percevons qu'un ensemble de points sans ordre particulier. Mais, dès qu'il se met à marcher, nous reconnaissons instantanément la silhouette d'un homme, nous savons s'il monte ou descend une marche, s'il se baisse, etc. Il est même possible de déterminer s'il s'agit d'un homme ou d'une femme ! Un mannequin exécutant les mêmes déplacements produits par un système mécanique sera clairement perçu comme un système non biologique. Cette différence entre mouvements d'origine biologique et mouvements d'origine mécanique pose de graves problèmes aux réalisateurs d'animations virtuelles présentant des personnages et dont les mouvements paraissent souvent si peu naturels.

Une autre expérience amusante consiste à présenter sur un écran deux images qui alternent rapidement : l'une représente un personnage avec une main placée au-dessus de son bras, l'autre représente le même personnage avec la main placée en dessous de son bras. L'alternance rapide des deux images produit une impression de mouvement apparent où la main se déplace de haut en bas, puis de bas en haut et ainsi de suite : contrairement à ce que prévoit la perception normale, on ne voit pas la main traverser le bras, mais, au contraire, l'impression est celle d'un mouvement de la main qui contourne le bras. Cet exemple montre que notre perception d'un mouvement biologique obéit à certaines lois qui font qu'un mouvement impossible est visuellement remplacé par un mouvement biologiquement plausible. La conclusion qui s'impose est que l'interprétation des mouvements produits par d'autres individus dépend, non pas des données brutes de la perception, mais d'une perception fondée sur une représentation que nous avons de ce que doit être une action produite par un organisme vivant.

Pour tenter de comprendre le rôle du cerveau dans la construction de cette représentation à partir des signaux qui constituent le mouvement biologique, nous allons nous référer aux résultats de plusieurs expériences. La première consiste à étudier l'activité de neurones isolés chez le singe. On parle ici de l'activité de neurones isolés puisqu'il s'agit de neurones dont l'activité est enregistrée un par un à l'aide d'une microélectrode : cet isolement est bien entendu artificiel dans la mesure où chaque neurone enregistré fait partie d'une population déterminée et son activité reflète l'état de ses connexions aux autres. L'intérêt de cette étude de l'activité d'une région cérébrale neurone par neurone est de pouvoir disposer d'un indice à un niveau élémentaire de la perception des mouvements biologiques. Dans le cas qui nous intéresse ici, ces neurones ont été enregistrés dans une région du cortex cérébral qui appartient au cortex moteur au sens large, la région prémotrice. De là partent des commandes qui se dirigent directement vers les aires motrices primaires, puis vers les motoneurones de la moelle. Les neurones de la région prémotrice du singe se mettent à décharger lorsqu'il exécute un mouvement avec sa main, comme dans le geste de prendre un morceau de nourriture. On constate même (c'est là un des avantages de la méthode) que chaque neurone code un mouvement d'un type particulier : un neurone donné décharge lorsque le singe effectue sa prise entre le pouce et l'index, mais pas s'il effectue un autre type de mouvement. Ce résultat n'est en rien surprenant : il est logique qu'un neurone d'une région motrice du cortex code de manière détaillée un acte moteur. Ce qui l'est davantage, c'est que ce même neurone sera également actif lorsque le singe sera le spectateur du même mouvement exécuté, cette fois, par l'expérimentateur. En d'autres termes, ces neurones, qu'on a appelés pour cette raison des « neurones miroirs », sont à la fois des neurones moteurs (ils envoient des commandes d'exécution) et des neurones perceptifs (ils analysent de l'information visuelle). Nous sommes ici dans une situation où action et perception ne sont plus qu'une seule et même opération (Figure 7-1).

Avant de nous interroger sur la signification à donner à ces neurones pour la perception de l'action, examinons une seconde série d'expériences réalisées chez l'homme. L'utilisation de la neuro-imagerie a permis de localiser plusieurs zones d'activation en réponse à des mouvements biologiques. La méthode utilisée consiste à présenter au sujet dont on enregistre l'activité cérébrale, des films d'actions simples mimées par un acteur. Parmi les zones activées, on trouve la région prémotrice du cortex frontal, comme on l'avait observé lors des

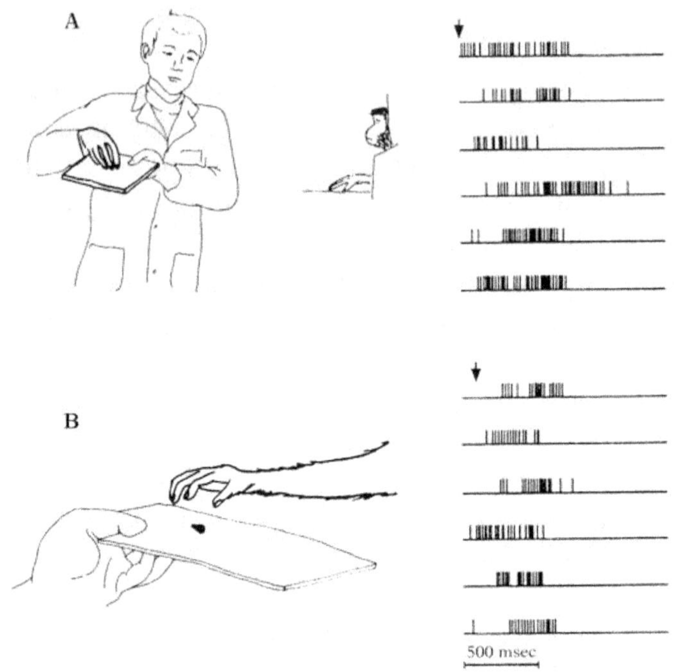

FIGURE 7-1

Exemple d'un neurone miroir enregistré dans l'aire prémotrice du singe. L'activité du neurone est montrée à droite sous la forme d'impulsions électriques correspondant à des potentiels d'action. Chaque ligne représente un essai. En haut, l'expérimentateur placé devant le singe prend un morceau de nourriture entre le pouce et l'index : bien que le singe se contente d'observer l'expérimentateur et n'exécute aucun mouvement, le neurone décharge à chaque répétition du geste de l'expérimentateur.

En bas, activité du même neurone lors des mouvements du singe. Le neurone décharge chaque fois que le singe exécute le mouvement de prise de nourriture, mais seulement si la prise est effectuée entre le pouce et l'index. Ce neurone code une action, que l'animal l'exécute ou qu'il observe son exécution par quelqu'un d'autre. Ces travaux sont dus au neurophysiologiste italien Giaccomo Rizzolatti et son équipe. (D'après di Pellegrino et al., Exper. Brain Res., 1992, 91 : 176-180) expériences précédentes chez le singe. En d'autres termes, observer une action, c'est déjà l'exécuter. Nous percevons une action à travers le filtre de notre exécution de cette même action. Cette nouvelle façon de voir donne au système moteur un rôle non seulement dans la production d'actions, mais aussi dans la perception de haut niveau, celle qui nous permet de nous représenter et d'interpréter les actions que nous observons. Nous reviendrons plus loin sur la notion de « simulation de l'action » qui semble se dégager de ces travaux.

Un raisonnement similaire s'applique à la situation d'imitation. Dans ce cas, l'action observée se transforme progressivement en une représentation d'une action qui appartient en propre à l'observateur devenu acteur. Autrement dit, pour que l'imitation soit réussie, il faut que l'action exécutée corresponde non seulement à l'action observée mais aussi à son contenu. On a constaté qu'un enfant tend à reproduire non pas ce que l'agent observé a réellement fait, mais ce qu'il avait l'intention de faire. Par exemple, si on lui montre un geste raté, l'enfant refera le geste abouti et non le geste raté. C'est donc qu'il ne simule pas seulement ce qu'il a vu, il anticipe l'intention de l'acteur à partir de ce qu'il voit : il s'intéresse au but, non aux moyens utilisés pour l'atteindre. Cet exemple nous montre bien que l'imitation est fondée sur la simulation de l'état mental de l'acteur, plus que sur la simple reproduction du geste observé.

Le rôle *social* de ce mécanisme est double : d'une part, il nous donne accès à la forme des actions de celui que nous observons, avec la possibilité de reproduire ensuite ces mêmes actions. C'est là un moyen efficace d'imitation et d'apprentissage : c'est en regardant faire qu'on apprend les gestes des métiers, de manipulation des instruments de musique, les gestes sportifs, etc. En outre, le mécanisme de l'activation du cortex moteur par le geste observé nous donne accès au contenu de ces gestes, en nous montrant le but vers lequel ils sont dirigés : c'est par là que nous nous rapprochons de la compréhension de l'autre et de ses intentions.

*Reconnaissance des visages,
des expressions et des émotions*

La perception des signaux sociaux ne concerne pas que la perception des actions. D'autres signaux nous parviennent, véhiculés par les visages et leurs expressions, par le corps et ses postures. Là encore, les travaux réalisés chez le singe nous fournissent d'importantes indications. Dans la partie inférieure du lobe temporal, en dessous du sillon temporal supérieur et à l'intérieur de ce sillon, ont été localisés des groupes de neurones qui répondent à la vision par l'animal de parties du corps d'un congénère, immobiles ou en mouvement. Un neurone donné, par exemple, peut répondre à la présentation sur un écran de la tête d'un congénère, vue de face, mais pas vue de dos. Si l'on cherche à analyser plus finement les déterminants de cette réponse, on constate que c'est la région des yeux qui constitue l'élément critique : le neurone continuera à répondre à la présentation de la tête si tous les éléments sont masqués, à l'exception des yeux. Un autre neurone sera sensible à la présentation d'une main, mais seulement lorsque celle-ci se déplace en direction de l'animal, pas si elle se déplace dans la direction opposée. Ainsi se constitue, neurone par neurone, une mosaïque de signaux sociaux porteurs d'information sur les intentions du congénère (Figure 7-2).

Chez l'homme, bien qu'on parvienne aux mêmes résultats, la situation apparaît beaucoup plus compliquée.

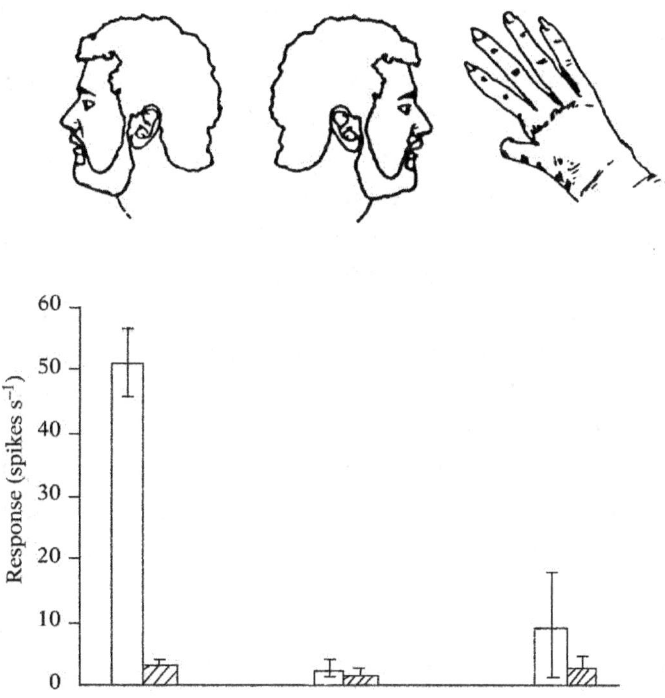

FIGURE 7-2

Reconnaissance de la posture d'une partie du corps par un neurone du cortex temporal chez le singe. Le taux de décharge (en potentiels d'action par seconde) est représenté sous la forme d'un histogramme. Le neurone décharge vigoureusement lorsque le profil gauche d'un visage est présenté à l'animal. Le neurone ne décharge plus lorsqu'on présente le profil droit du même visage ou un autre stimulus (une main de singe). Ce genre de neurones permet de reconnaître des mouvements et des postures ayant une signification sociale. Ces travaux sont dus au neurophysiologiste anglais David Perrett et à son équipe. (D'après D. I. Perrett et al., J. exp. Biol., 1989, 146 : 87-113)

L'être humain possède en effet la capacité unique de reconnaître, mémoriser et se rappeler un nombre considérable de visages. Le visage, même s'il est porteur de signaux sociaux (les expressions), n'est pas en lui-même un signal social : c'est plutôt la marque de l'identité d'un individu auquel se rattachent également une histoire, des événements qui peuvent appartenir à notre mémoire privée ou collective, s'il s'agit d'un personnage célèbre par exemple. Le cerveau humain dispose d'un mécanisme spécifique pour la reconnaissance des visages. Ce fait est connu depuis l'observation de patients qui, à la suite d'une lésion cérébrale, ont perdu sélectivement la capacité de reconnaître des visages, à l'exclusion d'autres déficits de la perception visuelle. La lésion se trouve en général dans la partie inférieure et antérieure du lobe occipital. Cette même région peut être activée chez le sujet normal, lors d'une épreuve de reconnaissance de visages dans une expérience de neuro-imagerie.

Outre cette région en relation avec la reconnaissance des visages, la neuro-imagerie révèle l'existence d'un autre réseau qui s'active, lui, en réponse aux signaux sociaux proprement dits : des sujets dont on enregistre l'activité cérébrale ont pour consigne d'identifier les émotions exprimées par des photographies de visages qui leur sont présentées. Cette tâche active non seulement les zones cérébrales spécialisées dans la reconnaissance des visages dont nous venons de parler, ainsi que la région du sillon temporal supérieur décrite chez le singe, mais aussi la région de l'amygdale. Nous avons déjà rencontré dans un autre chapitre ce rôle de l'amygdale dans le traitement des émotions (voir chapitre IV) : percevoir une expression ou une émotion n'est pas un acte comparable à celui de percevoir des objets ou des scènes quelconques, pas plus qu'on ne peut l'assimiler à la simple perception d'un visage. C'est que l'émotion peinte sur un visage, tout en étant une configuration de stimuli visuels, est l'expression d'un état interne qui, de plus, est commun à l'ensemble des humains qui le ressentent. Celui qui la perçoit entre, par ce fait même, en communication avec celui qu'il observe. Cet acte de communication ne laisse pas neutre l'observateur qui, à son tour, ressent lui-même l'émotion de l'autre. Le fait que la perception d'une émotion sur un visage s'accompagne d'une activation de l'amygdale de l'observateur traduit bien l'idée que son système nerveux « recopie » en quelque sorte l'émotion perçue, comme s'il devait à son tour l'exprimer.

Nous retrouvons ici le même raisonnement que lorsque nous avons étudié la perception des actions d'une autre personne. Percevoir une action, disions-nous, c'est déjà l'exécuter. De la même manière, percevoir une expression ou une émotion, c'est déjà l'éprouver. Les travaux d'éthologie humaine ont patiemment reconstitué (par l'étude des expressions faciales, des réactions végétatives) les partages d'émotion entre individus engagés dans un acte de communication. Ces partages d'émotion font partie de l'expérience courante de tout spectateur d'un film ou d'une pièce de théâtre qui s'émeut à la vue des acteurs (du moins lorsqu'ils sont bons !). Le fait que la perception d'une émotion nous communique cette émotion, comme la perception d'une action nous incite à la réaliser, relève donc d'un phénomène particulier qui ne se produit pas lors de la perception visuelle d'un objet ou d'un paysage. Ce phénomène tient, comme nous l'avons déjà remarqué, au caractère *intentionnel* des actions et des émotions : on a peur *de* quelque chose, on est en colère *envers* quelqu'un. L'émotion ne se réduit pas à son apparence, elle charrie le vécu intime de celui ou de celle qui la ressent.

Le concept de « simulation » dont il était question plus haut peut se révéler utile ici pour donner un cadre commun aux recherches sur le rôle de la perception de l'action et des émotions dans la communication sociale. Ce concept implique que les états d'esprit de nos congénères nous sont accessibles dans la mesure où nous pouvons les rejouer (les simuler) à l'intérieur de nous-mêmes. La connaissance de la forme des actions, la compréhension de leur contenu et des intentions qui les dirigent, comme le partage ou la contagion des émotions ne signifient pas autre chose que cette capacité de se mettre « dans la peau » de l'autre, d'éprouver de la sympathie pour lui. Les mécanismes cérébraux que nous avons décrits chez le singe et chez l'homme sont en accord avec cette hypothèse. Lors de l'observation d'une action, tout le réseau moteur du cerveau de l'observateur s'active : non seulement le cortex prémoteur, comme nous l'avons vu, mais aussi le cortex moteur lui-même, ainsi que les régions pariétales importantes pour la représentation de l'action. Lors de l'observation d'une expression émotionnelle, c'est le réseau émotionnel du cerveau de l'observateur, dans le cortex temporal et l'amygdale, qui s'active.

Le développement de la communication

Quelle est l'origine de ces mécanismes de la perception des signaux biologiques intervenant dans la communication entre individus ? L'observation du comportement de nouveau-nés et d'enfants en bas âge apporte des éléments de réponse à cette question. En effet, la précocité des réponses à ce genre de signaux est telle qu'elle semble exclure l'acquisition de ces mécanismes à la suite d'un apprentissage.

Comment peut-on poser ce genre de questions à un nouveau-né de quelques jours ? Plusieurs méthodes ont été mises au point, dont celle dite de la « succion non nutritive ». Chacun a pu remarquer qu'un bébé en train de boire son biberon tête plus ou moins rapidement d'un moment à un autre. D'une manière générale, il tète plus rapidement lorsqu'il est intéressé par les événements qui se déroulent autour de lui. Ce comportement peut donc servir d'indice pour mesurer l'intérêt ou le désintérêt qu'un bébé prête à une stimulation, une voix ou un visage, par exemple. Dans ce genre d'expérience, on donne à sucer au bébé une tétine vide (non nutritive) reliée à un dispositif d'enregistrement. Cette méthode a permis de déterminer qu'un enfant de quelques jours est capable de reconnaître la voix de sa mère par opposition à celle d'une étrangère : la succion augmente lorsque la voix de la mère est présentée. L'indice que l'enfant utilise pour reconnaître cette voix est l'intonation : en effet, le fait de présenter la voix maternelle en faisant dérouler la bande magnétique à l'envers, procédé qui modifie profondément l'intonation, empêche toute reconnaissance. Ce résultat s'explique par la longue exposition de l'enfant à la voix maternelle au cours de son séjour dans l'utérus : le seul aspect de la voix qui soit reconnaissable après la traversée du liquide amniotique et des tissus maternels est l'intonation. D'autres résultats, encore plus intéressants, peuvent être obtenus à l'aide de cette méthode de succion. On peut montrer que l'enfant de quelques jours préfère les sons de langage à toute autre sorte de bruit. Surtout, il est capable de déterminer si l'intonation d'un énoncé est correct : il marquera son étonnement (en augmentant la succion) si une pause est marquée dans une phrase au mauvais endroit. Cela ne signifie évidemment pas que le bébé a une quelconque connaissance linguistique ; cela signifie qu'il dispose en naissant d'un « organe » prêt à fonctionner pour reconnaître les sons de langage et pour leur appliquer un certain nombre de règles élémentaires. C'est à partir de ces règles qu'il pourra progressivement organiser les sons du langage en syllabes, en mots et en phrases, avant d'être capable de les produire lui-même. Ainsi le langage, signal social par excellence, est-il enraciné dans le cerveau humain dès la naissance.

Une autre méthode d'observation du nouveau-né consiste à déterminer l'endroit de l'espace où il fixe son regard. En présentant une image sur un écran et en suivant son regard, on peut savoir s'il fixe l'image et pendant combien de temps. On en infère le degré d'intérêt qu'il porte à l'image. En présentant de cette façon des figurines représentant des visages simplifiés (un ovale contenant deux yeux, un nez et une bouche), on s'est aperçu que le bébé de quelques jours s'intéresse plus à un visage qu'à n'importe quelle autre image. En outre, la présentation d'un visage à l'envers, d'un ovale vide ou d'un visage dont les éléments ont été disposés au hasard n'attire pas l'attention de l'enfant (Figure 7-3). Là encore, la conclusion qui semble s'imposer c'est que le cerveau dispose à la naissance d'un mécanisme (relativement

FIGURE 7-3
Préférence d'un nouveau-né pour un stimulus représentant un visage humain simplifié. L'enfant fixe longuement le stimulus D tandis qu'il se désintéresse des autres.
D'après J. Mehler et E. Dupoux, Naître humain, *Paris, Odile Jacob, 1990.*

grossier) de reconnaissance des visages, prêt à fonctionner pour interagir rapidement avec les visages réels que le bébé va rencontrer dans son environnement visuel. Cette idée est confirmée par le fait que les très jeunes enfants (quelques heures de vie) sont capables d'imiter des mimiques faciales (tirer la langue, ouvrir la bouche). Puisque le bébé n'a jamais vu son propre visage, c'est bien en référence à ce mécanisme, à cette représentation primitive de ce qu'est un visage qu'il est capable de reproduire la mimique qu'il voit devant lui[1].

L'enfant possède-t-il aussi un moyen précoce pour reconnaître et exprimer les émotions ? Si, comme nous l'avons envisagé au chapitre sur le cerveau et les émotions, l'expression et la reconnaissance des émotions reposent sur des mécanismes biologiques qui n'ont pas à être appris et qui sont communs à de nombreuses espèces animales, l'enfant devrait logiquement disposer de ces mécanismes dès sa naissance. Pour ce qui est de l'expression des émotions, il est clair, comme chacun a pu l'observer, que le nouveau-né possède dès le début les moyens d'exprimer la tristesse, la colère, le bien-être. Quant à la reconnaissance, l'observation des nouveau-nés montre également qu'ils sont sensibles aux émotions exprimées par d'autres : ils semblent éprouver du plaisir lorsqu'on leur sourit, ils se mettent à pleurer s'ils entendent un autre enfant pleurer. Comme les adultes, en somme, ils reconnaissent les états émotionnels de ceux qui les entourent en les éprouvant. Pour les émotions, peut-être plus que pour les autres aspects de la communication entre individus, l'échange et le partage par le biais de la simulation prennent une importance vitale pour le nouveau-né. Il est essentiel que l'émotion qu'il ressent puisse être reconnue par d'autres et puisse déclencher, de manière tout aussi automatique, la compassion

---

1. Jacques Mehler et Emmanuel Dupoux, *Naître humain*, Paris, Odile Jacob, 1990.

de l'entourage et les comportements d'aide et de sollicitude qui lui sont associés.

D'autres mécanismes de reconnaissance de l'autre se mettent en place vers l'âge de 3 à 4 ans, qui vont permettre à l'enfant de prendre sa place dans les interactions entre individus. Ce passage est marqué par l'acquisition de l'idée de représentation : la réalité n'est pas seulement ce qui se voit ou s'entend, elle est aussi contenue dans des états invisibles, les états mentaux, auxquels on accède en se les représentant. L'acte de « se représenter » un état d'esprit est voisin de l'acte d'« imaginer » un état d'esprit, à ceci près que l'imagination est un processus conscient, alors que la représentation peut être implicite, intuitive en quelque sorte. Cette capacité que nous avons de nous représenter les états d'esprit des autres, curieusement, a pris le nom de « théorie de l'esprit ». Ce terme signifie que tout être humain normal acquiert une théorie de l'esprit des autres, dont il se sert pour les comprendre. La nature même de ce mécanisme a été l'objet de nombreuses discussions. Pour certains, la théorie de l'esprit se développe à partir d'un ensemble de règles qui donnent un cadre pour la compréhension des relations sociales (nous envisagerons plus loin une autre possibilité). Nous avons déjà rencontré un processus semblable pour l'acquisition du langage : des règles élémentaires permettent de faire la segmentation des sons de langage et ainsi de décoder progressivement la langue. La théorie de l'esprit nous indique que chaque être humain possède des représentations de la réalité sociale et que ces représentations peuvent être différentes d'un individu à l'autre. L'enfant devient ainsi un petit expert en psychologie capable de concevoir que les autres possèdent des états d'esprit qui peuvent être différents des siens propres. Cette acquisition, autour de l'âge de 4 ans, se traduit par des changements importants dans le comportement de l'enfant : il apprend à « faire semblant », c'est-à-dire à faire sienne pour le temps d'un jeu, une croyance (un état d'esprit) en conflit avec la réalité ; il apprend à mentir, c'est-à-dire à transmettre à autrui une information qu'il sait être contraire à la vérité.

Des tests à la fois simples et ingénieux ont été mis au point pour examiner de manière objective les étapes de la maturation cognitive de l'enfant et pour déterminer la date précise de son acquisition d'une théorie de l'esprit. Le plus connu de ces tests est celui qui met en scène les poupées Sally et Ann, en présence de l'enfant à tester. Les deux poupées sont placées devant une table sur laquelle se trouvent deux récipients A et B. Elles observent le placement d'un objet (une pastille de chocolat) dans le récipient A. La poupée Sally est emmenée hors de la pièce. En l'absence de Sally, la poupée Ann modifie la position de l'objet, en le transférant dans le récipient B. On pose alors à l'enfant la question suivante : « Lorsque Sally va revenir, où va-t-elle chercher le chocolat ? » L'enfant qui a déjà acquis une théorie de l'esprit répond que Sally va se diriger vers le récipient A, là où Sally sait, ou croit, que se trouve l'objet. Ce n'est pas le cas de l'enfant plus jeune, pour qui Sally ne peut rechercher l'objet que là où il se trouve réellement, c'est-à-dire dans le récipient B : n'est-ce pas là que l'enfant lui-même sait que l'objet se trouve ? Comment Sally pourrait-elle penser autrement que lui ?

La reconnaissance de l'autre et sa pathologie

Les mécanismes que nous utilisons pour la compréhension des états mentaux des autres relèvent donc d'une capacité acquise très précocement, et peut-être même innée. L'enfant reconnaît très tôt les signaux biologiques qui proviennent de son entourage, et cette reconnaissance déclenche chez lui un intérêt particulier : il préfère les signaux biologiques (la voix, les visages) aux autres signaux venus du monde extérieur. Mais ces différents mécanismes perceptifs ne peuvent réellement contribuer à la reconnaissance de l'autre que si l'enfant (et plus tard l'adulte) peut les utiliser pour construire une représentation lui permettant de deviner les pensées de l'autre, de prévoir et d'anticiper ses réactions. Nous créons en nous une représentation de l'autre à qui nous attribuons des états d'esprit, intentions ou désirs. On peut même penser, pour rendre compte de la précocité de ces mécanismes chez l'enfant, que cette représentation serait présente en nous dès le début sous la forme d'une « image » de l'autre qui pourrait orienter et guider les premiers contacts. Une observation très fine du comportement de bébés de quelques semaines permet d'aller plus loin dans cette direction. La scène se joue entre l'enfant et sa mère. Ils sont placés face à face et filmés en continu. On enregistre également la voix de la mère et les différents bruits que produit l'enfant. La mère reçoit comme consigne de regarder son bébé et de lui parler comme elle le fait d'habitude. En juxtaposant sur un même écran le film du comportement du bébé et celui du comportement de la mère et en synchronisant soigneusement les deux, on s'aperçoit que les séquences où se produit une interaction entre la mère et l'enfant débutent le plus souvent par une action de l'enfant. C'est l'enfant, et non la mère, qui débute la séquence par un geste, qui ébauche le premier une mimique, produit un son. La mère ne fait en général que suivre le mouvement en imitant son bébé, en l'encourageant à continuer par le geste, la mimique et la voix. On peut donc penser que l'enfant, confronté à un visage humain qui correspond à la représentation primitive qu'il a de l'autre, recherche le contact, interroge cette perception visuelle et attende ses réactions. On peut même aller plus loin dans ce sens, en attribuant à cette interaction précoce un rôle dans la « stabilisation », pour reprendre un terme que nous avons utilisé à propos du développement du cerveau (voir chapitre premier), de cette représentation. Si le bébé reçoit, en réponse aux interrogations qu'il lance vers l'autre, une réaction qui correspond à son attente, la représentation sera stabilisée, voire renforcée : le bébé continuera à rechercher l'interaction. Si, au contraire, la réaction qu'il observe ne correspond pas à l'attente, la représentation risque de s'en trouver affaiblie.

On voit donc qu'à côté de la théorie de l'esprit dont nous avons parlé plus haut, qui propose que la reconnaissance des états d'esprit de l'autre se fasse à partir de règles élémentaires d'organisation du monde social, se trouve une autre théorie pouvant expliquer le développement et la continuité de la communication entre individus. Le mécanisme fondamental en est celui de la simulation qui permet de se mettre à la place de l'autre et d'éprouver ce qu'il ressent ou ce qu'il veut. Pour comprendre l'autre, nous cherchons à le simuler, nous rejouons, en quelque sorte, ses états mentaux. C'est grâce à cette capacité de lecture mentale que nous entrons en communication avec les autres individus[1].

Selon une démarche que nous avons suivie à plusieurs reprises dans ce livre, il paraît utile, pour clore ce chapitre, d'examiner certains aspects pathologiques de la communication. Peut-on retrouver dans l'expression de ces désordres des indications sur les mécanismes que nous venons d'envisager pour expliquer la communication entre individus ? On peut en effet supposer que l'enfant ou l'adulte qui, à la suite d'un dérèglement de ses mécanismes de représentation, aura perdu la capacité de lecture mentale des actions des autres et d'en inférer leurs intentions, se trouvera dans l'impossibilité de communiquer avec eux et du même coup se trouvera rapidement isolé de la communauté. Ces remarques visent surtout les troubles de la communication observés chez l'enfant et regroupés sous le terme général d'« autisme infantile ». Une des caractéristiques de ces patients est leur grande difficulté à entrer en contact avec d'autres personnes. Ils refusent même ce contact qui semble être pour eux une expérience pénible. Une explication possible de ce refus est qu'ils ne comprennent pas les autres et ne parviennent pas à leur attribuer des états mentaux. Cette hypothèse a été examinée en utilisant des tests comme celui des poupées Sally et Ann, que nous avons décrit plus haut. Soumis à ce test en même temps que des enfants normaux du même âge, ils échouent et se comportent comme des enfants dont les mécanismes de la théorie de

---

1. Simon Baron-Cohen, *La Cécité mentale. Un essai sur l'autisme et la théorie de l'esprit*, Grenoble, Presses Universitaires de Grenoble, 1998.

l'esprit ou de la lecture mentale ne se seraient pas développés : ils ne parviennent pas à comprendre que quelqu'un puisse exprimer des états d'esprit qui lui appartiennent en propre et qui soient déchiffrables par un observateur extérieur. Sans cette capacité fondamentale, comme nous l'avons vu, pas de communication, pas de partage d'émotions, pas d'échanges affectifs... Cette maladie très invalidante fait actuellement l'objet de travaux dans plusieurs directions. L'un d'entre eux, dont nous ne parlerons pas ici, est l'étude systématique du caryotype de ces jeunes patients, à la recherche d'anomalies chromosomiques. Une autre voie, dans la ligne que nous avons développée ici, consiste à rechercher les bases cérébrales des mécanismes de la communication et de leurs dérèglements. Une étude a été réalisée en utilisant la neuro-imagerie par TEP. Dans cette étude, de jeunes adultes, normaux ou souffrant d'autisme, devaient répondre, pendant qu'on enregistrait leur activité cérébrale, à des questions portant sur l'état d'esprit de quelqu'un. On leur racontait l'histoire suivante : « Un cambrioleur sort d'un magasin après son forfait. En courant, il laisse tomber un gant. Non loin de là, un policier qui l'observe et qui ne sait pas qu'il s'agit d'un cambrioleur, l'interpelle pour lui signaler qu'il a perdu quelque chose : "Hé vous là-bas, arrêtez-vous !" Le cambrioleur se retourne, voit le policier et se rend en disant : "Oui, c'est moi qui ai cambriolé le magasin". » On posait alors au sujet la question : « Pourquoi le cambrioleur se rend-t-il ? » Les sujets normaux donnaient évidemment la bonne réponse : « Parce qu'il n'a pas la conscience tranquille », alors que les sujets autistes répondaient en général : « Je ne sais pas. » Les deux groupes de sujets avaient par ailleurs des performances équivalentes dans une autre tâche consistant à répondre à des questions sur des aspects techniques (le fonctionnement d'une alarme, par exemple). Alors que cette tâche portant sur l'état d'esprit du cambrioleur activait chez les sujets normaux une région située dans la région préfrontale médiane de l'hémisphère gauche, cette activation n'était pas retrouvée chez les patients. Peut-on en conclure que cette région intervient dans la compréhension des états d'esprit d'un autre ? Que l'absence d'activation de cette région chez les autistes pourrait expliquer leur incompréhension de ces états d'esprit, et donc leur impossibilité à communiquer normalement avec leurs semblables ? Ce sont évidemment, à ce stade de nos connaissances, des questions irrésolues. Toutefois, l'interrogation sur le fonctionnement du cerveau de ces patients fait partie d'une approche où la maladie n'est plus considérée comme un désordre global et mystérieux, mais peut trouver une explication dans l'atteinte des mécanismes d'une fonction spécifique affectant la communication entre les individus.

DÉFINITIONS

Il est apparu utile de placer ici quelques définitions correspondant à des aspects du fonctionnement du cerveau qui n'ont pas été traités directement dans ce livre. Cette liste n'est bien entendu pas exhaustive.

Alzheimer (maladie d')

La maladie d'Alzheimer est une démence sévère qui atteint l'homme ou la femme autour de 65 ans. Elle se caractérise par une atrophie du cerveau surtout marquée dans les régions associatives du cortex cérébral (cortex préfrontal et région du carrefour entre lobe temporal, lobe pariétal et lobe occipital). Au niveau cellulaire, on observe une raréfaction des neurones, une dégénérescence dite « neurofibrillaire » (accumulation de fibrilles à l'intérieur des neurones) et la présence de plaques séniles contenant une protéine particulière, la protéine amyloïde. En outre, le système neuronal (le noyau basal du télencéphale) qui fabrique un neuromédiateur utilisé par le cortex, l'acétylcholine, est atteint. La maldie d'Alzheimer est marquée par une détérioration progressive des fonctions cognitives : atteinte globale de la mémoire, désorientation, troubles de l'attention, troubles du langage, indifférence affective.

Cervelet

Le cervelet fait partie du cerveau contenu dans la boîte crânienne. Il est situé à l'arrière et en dessous des hémisphères cérébraux, dont il est séparé par une épaisse méninge, la tente du cervelet. Il comporte une partie médiane, composée du vermis et du lobe flocculo-nodulaire, et des parties latérales, les hémisphères cérébelleux. Le cervelet médian (lobe flocculo-nodulaire) reçoit essentiellement des fibres provenant des noyaux vestibulaires, eux-mêmes connectés aux récepteurs vestibulaires situés dans le labyrinthe osseux de l'os temporal. Cet ensemble du cervelet médian et de l'appareil vestibulaire règle l'équilibre du corps et assure le maintien de la station debout. Le cervelet médian (vermis) et une partie des hémisphères reçoivent des fibres provenant de la moelle épinière, elles-mêmes connectées à des récepteurs situés dans les muscles, les fuseaux neuro-musculaires. Cette partie du cervelet règle la coordination des mouvements en particulier au cours de la marche. Enfin, le cervelet latéral reçoit des fibres provenant du cortex cérébral. Il règle les mouvements fins des extrémités, mouvements des doigts et mouvements du tractus vocal en particulier. Les neurones du cervelet sont répartis dans le cortex cérébelleux : on y rencontre surtout les cellules de Purkinje, grosses cellules qui reçoivent toutes les informations entrant dans le cervelet et qui exercent leur rôle régulateur en freinant l'activité des principales régions motrices.

Couleur (perception de la)

La perception de la couleur est le résultat de processus mettant en jeu la rétine et le cortex cérébral. Dans la rétine, une catégorie de cellules réceptrices, les cônes, est capable de détecter la longueur d'onde des radiations lumineuses parvenant à l'œil. Certains cônes sont sensibles à la fréquence correspondant au rouge, d'autres au vert et d'autres au bleu. Des phénomènes de complémentarité et d'opposition font que la combinaison de l'activité de ces trois types de cônes permet la reconstitution de l'ensemble des couleurs du spectre. Au niveau du cortex visuel, la voie nerveuse parvocellulaire, celle qui provient du centre de la rétine (où se trouvent les cônes) se connecte avec les neurones des aires visuelles du cortex occipital, en particulier l'aire V4. Les neurones de cette région sont sensibles à la fois à la couleur et à la forme d'un objet. Chez l'homme, d'après les expériences de neuro-imagerie, la zone de traitement de la couleur dans le cortex est localisée dans la région inférieure du cortex occipital.

Épilepsie

L'épilepsie est la conséquence de diverses pathologies cérébrales. Elles se manifestent sous la forme de crises survenant à intervalles variables. Au cours d'une crise d'épilepsie, le patient perd fréquemment connaissance, soit de façon brève (les absences du petit mal), soit de façon prolongée (grand mal). Les crises de grand mal sont également marquées par des contractions musculaires avec exagération du tonus musculaire. Lorsque la maladie est consécutive à une atteinte cérébrale localisée (après un traumatisme ou une intervention chirurgicale), elle démarre d'un foyer qui peut être repéré par enregistrement de l'activité électrique cérébrale (électroencéphalographie) et éventuellement traité par ablation. Certaines zones cérébrales (amygdale, hippocampe) sont particulièrement impliquées dans le déclenchement des crises. La maladie peut aussi être la conséquence d'une anomalie génétique portant sur le fonctionnement des canaux ioniques.

Ganglions de la base

Encore appelés « noyaux gris centraux », les ganglions de la base sont des noyaux de substance grise situés dans la profondeur des hémisphères cérébraux.

Ils sont composés du striatum (noyau caudé et putamen) et du pallidum (interne et externe). Striatum et pallidum font partie d'un circuit qui part du cortex cérébral et retourne au cortex moteur. Au repos, ce circuit maintient le cortex moteur sous inhibition. Les stimulations provenant de l'environnement provoquent l'activation du striatum et la désinhibition du cortex moteur, ce qui permet la production d'un mouvement. Le striatum reçoit en outre des fibres provenant des neurones dopaminergiques situés dans la substance noire. La dopamine sécrétée par ces neurones contrôle l'excitabilité des neurones du striatum. La baisse de l'activité dopaminergique due à la dégénérescence des neurones de la substance noire entraîne des troubles moteurs graves (maladie de Parkinson). Les ganglions de la base interviennent non seulement dans le contrôle moteur, mais aussi dans l'apprentissage et la mémoire des actions.

Glie

La glie est un tissu constitué de cellules (les cellules gliales) et situé au contact du tissu nerveux. Il existe plusieurs types de cellules gliales. Les astrocytes jouent un rôle important dans le développement du cerveau en constituant des travées cellulaires radiaires qui vont guider la migration des neurones vers leur situation finale. Les oligodendrocytes interviennent dans la myélinisation des fibres nerveuses. Enfin, les cellules de la microglie interviennent dans la nutrition des neurones.

Parkinson (maladie de)

La maladie de Parkinson est due à une dégénérescence des neurones dopaminergiques de la substance noire du tronc cérébral. Ces neurones, qui se projettent sur le striatum (voir « Ganglions de la base »), ont un rôle régulateur dans le transfert d'information entre le cortex cérébral et les autres structures du système moteur. Leur dysfonctionnement retentit sur la mise en route des mouvements spontanés ou en réponse à des incitations venues de l'extérieur. Le principal symptôme est l'akinésie, souvent associée à un tremblement au repos et à une rigidité des articulations. Un traitement substitutif par un précurseur de la dopamine est utilisé dans cette maladie depuis une trentaine d'années.

Sommeil

Le sommeil est un phénomène cyclique qui se manifeste surtout chez les mammifères. Il est constitué d'une succession d'états qui s'enchaînent les uns aux autres au cours de la nuit. Le sommeil calme, marqué par une activité électrique cérébrale faite d'ondes lentes comporte plusieurs stades, du stade I (endormissement) au stade IV (sommeil profond). Il est entrecoupé de phases de sommeil paradoxal, marquées par l'apparition d'une activité électrique corticale rapide et surtout par des phénomènes musculaires (mouvements des yeux, petits mouvements des extrémités). Chez l'adulte, un cycle complet, du stade I au sommeil paradoxal, dure environ 90 minutes. Le cycle se répète plusieurs fois au cours de la nuit. Le sommeil paradoxal est marqué par une activité cognitive particulière, le rêve. La régulation du sommeil fait intervenir des régions du cerveau sensibles au taux de monoamines (sérotonine et noradrénaline) sécrétées par des groupes de neurones situés dans le tronc cérébral. Une des fonctions du sommeil pourrait être de consolider les souvenirs fixés en mémoire permanente.

Table

Chapitre 3
LE CERVEAU ET LE CORPS

Chapitre 4
LE CERVEAU ET L'ÉMOTION

Chapitre 5
LE CERVEAU ET LA MÉMOIRE

Chapitre 6
LE CERVEAU ET LA PENSÉE

Chapitre 7
LE CERVEAU SOCIAL

CRÉDITS

fig. 1.1 : reproduit d'après X. Seron et M. Jeannerod, *Neuropsychologie humaine*, Liège, 1994, © Pierre Mardaga Éditeur ; fig. 1.3 : reproduced from D. H. Hubel, T. N. Wiesel and S. Levay « Plasticity of ocular dominance columns in monkey striate cortex », in *Phil. Trans. R. Soc. Lond* (278, 377-409, 1977), © The Royal Society ; fig. 2.1 : reproduit d'après D. Tritsch, D. Chesnoy-Marchais, A. Felz, *Physiologie du neurone*, © Paris, Doin, 1999 ; fig. 2.3 : reproduced from A. D. Milner and others, « Spatial localization in optic ataxia », in *Proceedings of the Royal Society of London*, 1999, fig. 1, © The Royal Society ; fig. 3.3 : droits réservés ; fig. 3.4, 3.5b : reproduced from M. J. T. FitzGerald, *Neuroanatomy, basic and applied*, London, 1985, © Baillère Tindall ; fig. 3.5h, 3.6 : reproduit d'après N. Boisacq-Schepens et M. Crommelinck, *Neuro-psycho-physiologie*, Paris, 1996, © Masson ; fig. 3.7 : reproduit d'après J. Cosnier, *Psychologie des émotions et des sentiments*, Paris, 1990, © Retz ; fig. 4.1 : reproduced from *Biological Psychology*, © 2002 Published by Elsevier Science B.V. ; fig. 4.3, 4.4 : reproduit d'après X. Seron et M. Jeannerod, *Neuropsychologie humaine*, Liège, 1994, © Pierre Mardaga Éditeur ; fig. 5.1 : reproduced from M. A. Gazzaniga, *The Cognitive Neuroscience*, 1996, © MIT Press Publication ; fig. 6.1 : reproduit d'après X. Seron et M. Jeannerod, *Neuropsychologie humaine*, Liège, 1994, © Pierre Mardaga Éditeur ; fig. 6.2 : from *Images of Mind*, by M. I. Posner and M. E. Raichle, © 1994 by Scientific American Library. Reprinted by permission of Henry Holt and Company, LLC. ; fig. 6.3 : reproduced from R. N. Shepard, *Perspectives on Mental Representation*, © Lawrence Erlbaum Associates, Inc. ; fig. 6.5 : reproduced from *Disorders of Language*, © 1973 by McGraw-Hill, New York ; fig. 7.1 : reproduced from G. di Pellegrino, L. Fadiga, L. Fogassi, V. Gallese & G. Rizzolatti « Understanding motor events : a Neurophysiological study » in *Experimental Brain Research*, 91, 176-180, 1992, © Springer-Verlag 1992 ; fig. 7.2 : Reproduced from *J. Exp. Biol*, 146, 87-113 (1989), © The Company of Biologists Limited 1989 ; fig. 7.3 : reproduit d'après J. Mehler et E. Dupoux, *Naitre humain*, Paris © Odile Jacob, 1990.

Figures de l'auteur : 2.4, 3.2, 6.4, 6.6.

Imprimé par Lightning Source France
1 avenue Gutenberg
78310 Maurepas

N° d'édition : 7381-1170-Y